中国蜜蜂资源与利用丛书

蜂　蜜

Honey

韩　宾　编著

中原农民出版社

· 郑 州 ·

图书在版编目（CIP）数据

蜂蜜 / 韩宾编著 . — 郑州：中原农民出版社，
2018.9

（中国蜜蜂资源与利用丛书）

ISBN 978–7–5542–1994–2

Ⅰ . ①蜂… Ⅱ . ①韩… Ⅲ . ①蜂蜜 – 加工 Ⅳ .
① S896.1

中国版本图书馆 CIP 数据核字（2018）第 191900 号

蜂　蜜

出 版 人	刘宏伟
总 编 审	汪大凯

策划编辑	朱相师
责任编辑	尹春霞
责任校对	张晓冰
装帧设计	薛　莲

出版发行　中原出版传媒集团　中原农民出版社
　　　　　（郑州市经五路66号　邮编：450002）

电　　话	0371–65788655
制　　作	河南海燕彩色制作有限公司
印　　刷	北京汇林印务有限公司
开　　本	710mm×1010mm　1/16
印　　张	15.5
字　　数	169千字
版　　次	2018年12月第1版
印　　次	2018年12月第1次印刷

书　　号	978–7–5542–1994–2
定　　价	78.00元

前　言

Introduction

　　"蜜蜂不食人间仓，玉露为酒花为粮。作蜜不忙采花忙，蜜成犹带百花香。"宋代诗人杨万里在他的《蜂儿》诗里歌颂蜜蜂。

　　人类利用蜂蜜已有非常悠久的历史。考古学家在西班牙的一个洞窟里发现了一幅人类在峭壁上采集蜂蜜的壁画，确定为公元前7 000年左右所作。在我国，中医四大经典著作之一的《神农本草经》中就已经将蜂蜜列为上品药，书中指出："蜂蜜味甘、平、无毒。主心腹邪气，诸惊痫痉，安五脏诸不足，益气补中，止痛解毒，除众病，和百药。久服，强志轻身，不饥不老。"

　　近半个多世纪以来，世界养蜂业稳步发展，世界蜂产品消费水平也在不断提高。在众多蜂产品中，蜂蜜是唯一一种最传统、最大宗的蜂产品，也是大多数国家唯一的商品化蜂产品。蜂蜜一直是我国传统的出口产品，也是我国出口创汇的重要产品。2015年我国蜂蜜出口量达到14.48万吨，是世界蜂蜜贸易量的1/4。

　　随着科技的发展和社会的进步，人类"回归自然"的呼声越发强烈，人们追求养生环境的天然化，崇尚天然食品、天然化妆品、天然保健品、天然药品，形成一股世界性的"返璞归真"的潮流。蜂蜜是如此近在眼前的自然恩泽，它不仅是美味的食物，而且在美容养颜、食疗强身、医疗保健中也有着广泛的应用价值。本书希望通过对蜂蜜系统的介绍，使广大读者对蜂蜜的性质、生产和应用有一个全面和细致的了解，最终能将这些蜂蜜知识融入日常生活里，得到实实在在的益处。

本书的编写得到国家现代蜂产业技术体系（CARS-44-KXJ14）和中国农业科学院科技创新工程项目（CAAS-ASTIP-2015-IAR）的大力支持。

在本书的编写过程中，作者参阅了大量国内外专著、期刊，在这里对所引用资料的作者致以诚挚的感谢。对未能取得联系的图片、文字的责任人特此致歉，恳请方便时与作者联系。

编者

2018 年 8 月

目 录
Contents

专题一　甜蜜的酿造者——蜜蜂　　001

　一、蜜蜂的家庭成员　　002

　二、蜜蜂的生活　　004

　三、主要蜂产品简介　　007

专题二　蜂蜜的历史　　017

　一、古代国外利用蜂蜜的历史　　018

　二、古代中国利用蜂蜜的历史　　021

专题三　蜂蜜的成分及理化性质　　031

　一、蜂蜜的成分　　032

　二、蜂蜜的性质　　047

专题四　蜂蜜的种类、质量标准及检测方法　　061

　一、蜂蜜的种类　　062

　二、蜂蜜的质量标准及检测方法　　084

专题五　蜂蜜的作用及临床应用　095

一、蜂蜜的作用　096

二、蜂蜜的食用方法及用量　119

三、蜂蜜的临床应用　124

专题六　蜂蜜医疗保健和美容应用验方　163

一、蜂蜜养颜美容验方　164

二、蜂蜜强身食疗保健验方　174

三、蜂蜜医疗保健验方　180

主要参考文献　239

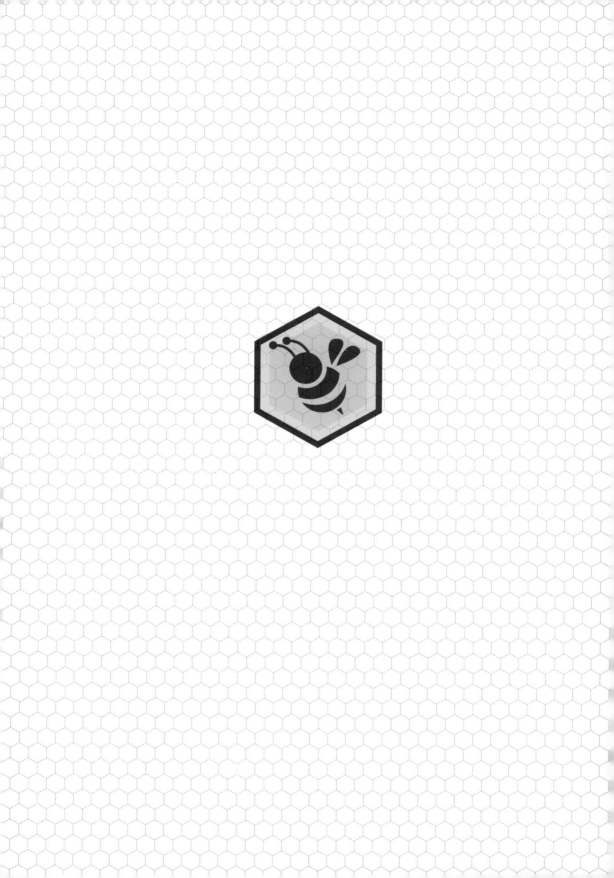

专题一

甜蜜的酿造者——蜜蜂

一提到蜜蜂，人们首先联想到的是"甜蜜"，蜜蜂酿造的那金黄色美味的液体——蜂蜜，使人为之着迷。也是蜂蜜让人类第一次感受到"甜"——在蔗糖和甜菜糖被发现之前，蜂蜜一直是人类主要的甜味来源。很多人在享受蜂蜜带来美味的同时，对蜜蜂的了解却并不多，下面就带领大家进入神奇的蜜蜂王国一探究竟。

一、蜜蜂的家庭成员

（一）家庭成员介绍

每个蜂群都是一个独立而完整的世界，通常一个蜂群中可以居住5万~8万只蜜蜂。任何一群蜜蜂基本上都是由三种不同形态和职能的蜜蜂组成，即一只蜂王、几百只雄蜂和几万只工蜂。在蜂群内它们各有专职，分工协作，相互依存，没有哪只蜜蜂离开蜂群后可以独自生存。我们称蜜蜂的这种群居生活为蜜蜂社会生活，它是在长期的进化发展过程中形成的。

1. 蜂王（图1-1）

图1-1　蜂王（李建科　摄）

蜂王是生殖器官发育完善的雌性蜜蜂，由产在王台里的受精卵发育而成（二倍体），在蜂群中专司产卵，通常一个蜂群中只有一只蜂王。在产卵高峰期，蜂王一天可产超过2 000枚卵，总重量与蜂王自身的体重相当。

蜂王通过分泌蜂王信息素控制蜂群，而蜂王信息素是通过工蜂在蜂群中传递的。如果蜂群中缺少蜂王，几十分钟内蜂群就会受到严重的影响，蜂群变得躁动不安，出巢采集的工蜂明显减少，造脾等巢内活动程度明显降低。在没有蜂王激素抑制作用的情况下，工蜂生殖器官会自主发育，发生工蜂产卵现象。

2. 工蜂（图 1-2）

图 1-2　工蜂（李建科　摄）

工蜂是生殖器官发育不完全的雌性蜜蜂，由产在工蜂巢房里的受精卵发育而成（二倍体），也就是我们经常看到的在户外飞来飞去的小蜜蜂。工蜂，蜂如其名，肩负着巢内外的各项工作，包括清扫、哺育、采集、筑巢、酿蜜、保卫等，并且工作内容随日龄的不同而变化，先主要从事巢内工作，然后转换到巢外工作。工蜂寿命很短暂，越冬蜂不劳作，能活半年左右；春夏忙碌时节，工蜂只有不到 50 天的寿命。工蜂的生命短暂，但担负着繁重的工作，比如工蜂酿造 1 千克蜂蜜需要飞行几十万千米访问几百万朵鲜花。它们被称为"勤劳的小蜜蜂"是名副其实的。

3. 雄蜂（图1-3）

图1-3 雄蜂（李建科 摄）

雄蜂是由未受精的卵发育而成的雄性蜜蜂（单倍体），与处女蜂王（简称处女王）交尾是它的唯一职责。雄蜂是蜂群中的"懒汉"，不仅不能采集食物，蜂群繁殖旺期，工蜂还要对雄蜂进行饲喂。但是当外界蜜源稀少或秋凉时，工蜂会把雄蜂从蜂巢中赶出去。雄蜂离开蜂群后，很快就会死亡。

二、蜜蜂的生活

（一）蜜蜂的家——蜂巢（图1-4）

图1-4 蜂巢

蜂巢是蜂群繁衍生息、储存食物的场所。蜂巢是由工蜂筑造的双面布满巢房的脾状蜡质结构组成的，称为巢脾，而巢脾上规则的六边形小单间就是巢房。巢房是组成蜂巢的最基本单位，从正面观察，每个巢房均为完美的正六边形。经过科学家的分析，正六边形的建筑结构，所需材料最简单，密合度最高，可使用空间最大；其结构致密，各方受力大小均等，且容易将受力分散，所能承受的冲击也比其他结构大。达尔文曾赞叹蜜蜂的巢房是自然界最令人惊讶的神奇建筑，开普勒、伽利略等许多科学家都对蜜蜂巢房非常着迷。每个单间的壁厚是固定的 0.07 毫米，底部每个光滑菱形面的夹角是固定的 120°，在没有精密计算的情况下能造出如此精密的结构，人类不得不佩服蜜蜂这个"天才建筑师"。蜂巢的这种形状和构造方式也被人类大量用在艺术装饰和建筑材料中，不仅给人们带来美的享受，而且使人们的生活更高效、更环保。

（二）蜜蜂的婚飞（图 1-5）

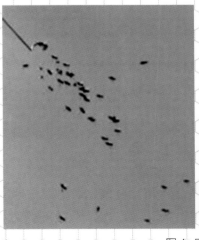

图 1-5　婚飞

在天气良好的情况下，7日龄左右的雄蜂、3日龄左右的处女王，13:00～14:00会出巢做认巢试飞，因为一不小心飞到别的蜂巢便是有去无回。试飞数日后，在天气晴朗的风速较小的时间（一般14:00～16:00），处女王和雄蜂会进行婚飞。意蜂处女王婚飞时，蜂群兴奋，巢门口蜂群涌动，像是在庆祝处女王成婚一般。蜂王一般在蜂巢8米以上的交配层进行婚飞，在15米以上的主要为雄蜂。在一次婚飞中处女王可连续与10只左右的雄蜂交配，捕获到的精子数量超过7 000万个。一次婚飞受精不足，还可以在第二天进行第二次、第三次婚飞。受精一天后的蜂王开始生产受精卵，它体内存储的精子足够它一生产卵所用。蜂王在产卵之后终身不再与雄蜂交配，一生都在巢内活动，享受女王的待遇，当然不包括分蜂和整群出逃中的蜂王。

（三）蜂巢（图1-6）的温度调控

图1-6　蜂巢

几万只蜂在一个相对密闭的蜂巢中生活，蜂巢内的环境至关重要。为了不影响蜜蜂的生活质量甚至生命，一个良好的环境是必需的。蜜蜂生活最适宜的温度是 15 ~ 25℃，繁殖幼虫的温度却需要 34.5℃。虽然蜜蜂是变温动物，体温随外界温度的变化而变化，但蜜蜂群体就不同了，它们需要而且有能力恒定蜂巢中的温度。环境温度降低时，蜂群会依靠抱团来升高温度，就像人类抱团取暖一样。单个蜜蜂通过收缩飞行肌将能量转变为热量提高温度，特别是子脾需要升温时，加热蜂会伏在子脾上或钻到子脾旁边的空巢中振动飞行肌以产生热量传递给子脾，保证蜂子的健康发育。如果蜂巢中太热，蜜蜂就会采水，并将水以小水滴的形式洒于蜂巢内，形成薄薄的一层水膜，水膜铺好后，巢内的同伴就会振动翅膀扇风，扇走过热的二氧化碳和其他空气。有时，一部分蜜蜂还会爬到蜂箱外，连接成片，悬挂在箱前，这样一来巢内蜂数减少，巢温就会下降。

三、主要蜂产品简介

蜂产品是指来源于蜜蜂的产品。其种类众多，不只拥有极高的共性功效，而且具有各自独特的生理、药理功能，越来越得到人们的关注和重视，被广泛应用到食品、医疗和美容等行业。

（一）蜂王浆

蜂王浆（royal jelly）（图 1-7）是 5 ~ 15 日龄的哺育蜂的咽下腺和上颚腺分泌的、用以饲养蜂王和 3 日龄以内幼虫的浆状物质，又称蜂皇浆。人们利用蜂群哺育力过剩时就会筑造自然王台培养蜂王的习性，人为地添加塑料假王台，移入 1 日龄以内的幼虫，待蜂王、幼虫消耗较少、剩余王浆量最多的时候（72小时），取出蜂王、幼虫，收集王台内的王浆。工蜂和蜂王、幼虫遗传上的一致性以及蜂群能够接受人工王台，为蜂王浆规模生产奠定了基础。如今蜂王浆已经成为蜜蜂的主要产品之一，也是近年来中国养蜂创收的主要项目之一。

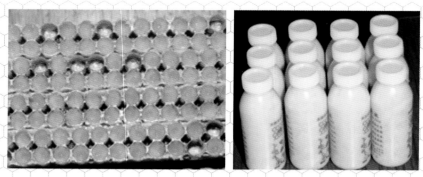

图1-7　蜂王浆（李建科　摄）

蜂王浆的化学成分非常复杂，而且随蜂种、蜜源、产地、季节、气候、蜂群种势、哺育蜂日龄和取浆时间等因素的不同而存在一定差异。鲜蜂王浆中水分含量一般为67.5% ~ 69.0%，蛋白质11% ~ 16%，糖类15.0%左右，脂类约6%，灰分0.4% ~ 1.5%，还有未确定物质2.8% ~ 3.0%。

蜂王浆的神奇功效为其提供了广阔的应用前景。

1. 临床应用

蜂王浆临床上可用于提高体弱多病人群对疾病的抵抗力；用于治疗营养不良和发育迟缓，调节内分泌，治疗月经不调及更年期综合征；作为治疗高血压、高血脂的辅助用药，防治动脉粥样硬化和冠心病；用于促进伤口愈合；作为抗肿瘤辅助用药并用于放疗、化疗后改善血象、升高白细胞。此外，蜂王浆对一些常见病如风湿性关节炎、胃溃疡、十二指肠溃疡、肝炎、甲状腺机能低下等均有较好疗效。

2. 食品饮料（图1-8）

图1-8　食品饮料

作为功能性食物，蜂王浆可用于改善人体亚健康状态，具有增进食欲、改善睡眠及使人精力旺盛、活力充沛的功能。可提高人抵御恶劣环境的能力，如高、低温作业人群，广泛用于高辐射条件下的工作人员，可削弱放射线对人体的伤害；可大大增加运动员耐力，使其迅速恢复体力，提高向人类极限挑战的能力，广泛应用于超负荷运动项目。

3. 化妆品（图1-9）

众所周知，蜂王浆具有极好的美容作用。蜂王浆在营养皮肤的同时，还具有抗氧化、抗菌、抗辐射和吸湿保湿等功能特性，能够预防皮肤感染、发炎及辐射损伤，有效预防皮肤黑色素的形成，减少皱纹和黄褐斑，保持皮肤的水分含量，使皮肤更加细腻，富有光泽、弹性。

图1-9　化妆品

4. 农牧业

蜂王浆可以大大提高蛋白质产出，且产品不会给消费者带来类似于激素添加剂的隐患，因此被用作饲料添加剂。蜂王浆在珍稀动物养殖方面具有很高的应用价值。蜂王浆在种植业上的应用，则是一片新开发的领域。蜂王浆和植物生长素能够促进植物根系和胚芽的生长分化，具有与细胞分裂素相似的生理学效应。

（二）蜂花粉

图 1-10　蜂花粉

花粉（pollen）是被子植物雄蕊花药和裸子植物孢叶的小孢子囊内的小颗粒状物，是植物有性繁殖的雄配子体。蜂花粉（图 1-10）则是从显花植物（粉源植物）花药中采集的花粉，混入花蜜和分泌物。工蜂将花粉装在两后足的花粉筐内，混合成不规则扁圆形的花粉团。幼工蜂的主要食物是花粉和蜂蜜混合后的蜂粮。

现代研究表明，蜂花粉中几乎含有人体发育所必需的所有营养和生物活性物质。服用蜂花粉有利于调节人体的新陈代谢，改善大脑机能，提高免疫力和身体耐力。花粉作为"体力劳动者的健脑剂、儿童发育的助长剂、可以吃的美容剂和多种疾病的治疗剂"而风靡于世，被誉为"营养桂冠"和"完全食品"。西欧、拉美、日本等地区和国家在20世纪60年代就兴起了花粉热，各种花粉产品不断问世。中国对花粉的现代研究起步较晚，但发展迅速，蜂花粉资源的开发和利用潜力巨大。

花粉富含蛋白质、氨基酸、碳水化合物、维生素、脂类等多种营养成分，酶、辅酶、激素、黄酮、多肽、微量元素等生物活性物质，因而有"微型营养库"之美誉。花粉具有抑制前列腺增生、预防心血管疾病、调节血糖、促进造血、调节人体代谢和内分泌等诸多功效。由于药理活性受到化学成分的抑制，花粉中化学成分的研究进展直接影响到其药理学运用。因此，随着各种分离技术的进步及花粉药理活性研究范围的拓展，花粉中化学成分的研究逐渐引起众多科研工作者的兴趣，近几年来得到空前发展。

（三）蜂毒

蜂毒（bee venom）是最古老的蜂产品之一，也是人类祖先认识蜜蜂、利用蜜蜂的一个重要途径。我国最早的古诗《诗经·周颂·小毖》有"莫予荓蜂，自求辛螫"，劝告人们不要惹怒蜜蜂，以免遭蜇（图1-11）。许慎的《说文解字》释"蜂"为"飞虫螫人者"；明代李时珍《本草纲目》释蜜蜂为"蜂尾垂锋，故谓之蜂"。

图 1-11　蜜蜂蜇人

古代的人们不光认识到蜜蜂有蜇针，还发现蜂蜇有毒。《左传》、古希腊科学家亚里士多德的著作都提到蜂蜇有毒。而且，人们发现人体被蜇后虽会出现局部或全身反应，但是却意外地治愈了关节炎等疾病。人们逐渐认识到蜂毒可以用来治病（图 1-12）。

蜂毒中的物质具有很强的生物活性，它对神经系统、心血管系统、呼吸系统、内分泌系统、免疫系统、机体的炎症及其他的病理过程都有作用，但这些药理毒理作用是由不同的化学成分产生的。

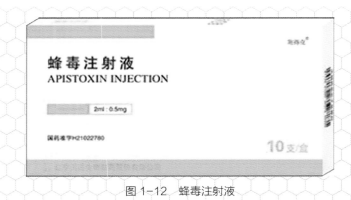

图 1-12　蜂毒注射液

（四）蜂胶（图 1-13）

图 1-13　蜂胶

蜂胶（propolis）是工蜂采集树脂等植物分泌物与其上颚腺、蜡腺等分泌物混合形成的胶黏性物质。蜂胶一词来源于希腊语，由"pro（在前）"和"polis（城堡）"这两个词组合而成，因蜂群中蜜蜂用蜂胶缩小通往它们"蜡城"的巢门，以阻挡入侵者而得名，为城门的守护物质。另外一种说法是在拉丁语系中"pro"有支柱的含义，故"propolis"是指作为蜂巢支柱之补强物质。蜂胶是近年来国内外蜂产品研究和开发的热点，随着对蜂胶研究的不断深入，以蜂胶为原料的蜂产品开发将会越来越多，前景十分广阔。

第二次世界大战以后，随着气相色谱、液相色谱和质谱等化学分析分离技术的出现和医药研究水平的提高，人们开始深入研究蜂胶化学成分及其生理活性，其药理作用研究从治疗外科创伤感染和防腐抗菌拓展到降血糖、降血脂、抗氧化、调节免疫、抗寄生虫等诸多方面。

1. 蜂胶的化学成分

早在 1911 年，德国科学家 Kustenmacher 就从蜂胶中鉴定出了肉桂醇与肉桂酸。但由于缺乏蜂胶成分鉴定与分离的技术，蜂胶的化学成分研究处于停滞阶段。20世纪50年代以来，随着各种色谱分离技术与质谱技术的出现，蜂胶化学成分研究迅速发展起来。目前，已从蜂胶中鉴定出黄酮类、萜烯类、醌类、酯类、醇类、酚类、有机酸类等化学成分，还有大量的氨基酸、脂类、维生素类、多糖及多种微量元素等。含有大量类黄酮、萜烯类化合物是蜂胶最重要的特征。

2. 蜂胶的生物学活性

蜂胶现已广泛应用于保健食品、药品、化妆品、日用品，具有抗氧化、抗病原微生物、抗炎、调节免疫、抗肿瘤、降血糖、降血脂等生物活性，能清除体内的有害物质，增强机体的免疫功能，还有助于治疗包括感冒、皮肤病、胃溃疡、烧伤、痔疮、肿瘤、高脂血症及糖尿病等多种疾病。

（五）蜂蜜（图1-14）

图1-14 蜂蜜

蜂蜜（honey）是蜜蜂采集蜜源植物的花朵里蜜腺分泌的花蜜酿造而成的。蜂蜜的主要成分是葡萄糖和果糖。花蜜中的蔗糖必须经过蜜蜂分泌的转化酶的作用，才能转化成为葡萄糖和果糖，然后由蜜蜂集体扇风，将水分蒸发浓缩后才成为蜂蜜。

蜂蜜的化学成分极其复杂，它含有生物体生长发育所必需的多种营养物质。迄今为止，人类已经从蜂蜜中鉴定出180多种物质。蜂蜜是一种高度复杂的糖类饱和溶液，有甜味，其中约3/4是糖分，约1/4是水分。果糖和葡萄糖占蜂蜜总糖分的85%～95%。双糖中以蔗糖为主，大约占蜂蜜总糖分的5%。此外，蜂蜜中还含有蛋白质、氨基酸、色素、有机酸、糊精、胶质物、酶、激素、芳香族高级醇、维生素和由蜜蜂采集时渗入的花粉等物质。其中单糖中的葡萄糖和果糖可以直接从消化道吸收进入血液或组织液，然后运送到相应的器官或组织以作为生命活动的主要能量来源，也可以通过体内相应的生化反应转化为脂肪酸和相应的氨基酸等满足生理上的需要。因此，蜂蜜是消化功能欠佳的婴幼儿、老年人及体弱多病者的营养佳品，也是运动员、重体力劳动者和高强度脑力劳动者直接、有效的能量来源。

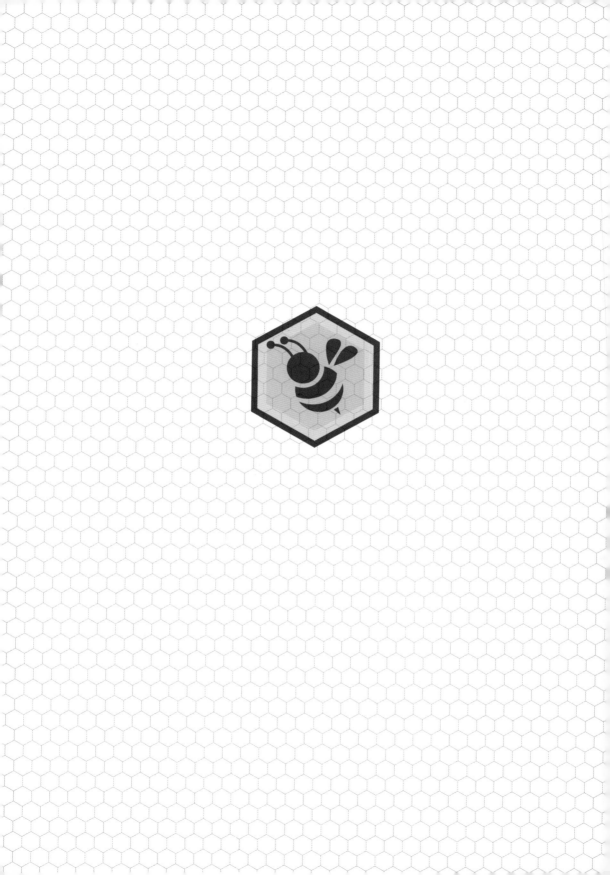

专题二
蜂蜜的历史

蜂蜜无论是作为食品还是用作药物，都已有十分悠久的历史。在传统的保健学中，比如欧洲的寺院医学、古印度的生命科学和中国的中医学，向来都是把食物和药物紧密结合在一起的，也就是我们今天所讲的"药食同源"，蜂蜜就是其中最重要的产品之一，已成为自然医学的组成部分。在几乎所有古代文明社会中，对蜂蜜都有很高的评价，远远超过其他任何一种普通食物，它不仅作为食物和药物，还被用于宗教活动，用作陪葬品或供物。因为它是稀罕物，产量少，是少数富贵的人渴求的甜食之一——当时还没有糖！在古埃及、古巴比伦、古印度和中国，蜂蜜都被视为神所赐的琼浆玉液。

一、古代国外利用蜂蜜的历史

人类懂得利用蜂蜜可以追溯到中石器时代，考古学家在西班牙东部巴伦西亚比科尔普附近群山的一个洞窟里发现了古老的壁画，其中有一幅用红石绘制的壁画，主题就是"峭壁上的蜂蜜采集者"，反映了当时人们采集蜂蜜的情景，确定为公元前 7 000 年左右所作（图 2-1）。

图 2-1　西班牙洞窟里猎取蜂蜜的壁画

20 世纪 70 年代，在南非的德拉肯斯山脉和津巴布韦发现了 4 000 多幅属于中、新石器时代的壁画，其中关于蜜蜂、蜂巢、蜂脾以及采集蜂蜜活动的石刻有 70 多幅，是非洲南部游牧民族之一的丛林人的作品。在津巴布韦靠近托福瓦纳大坝马托波山区的一幅画，描绘了采蜜人手拿火把靠近蜂巢，将蜜蜂驱赶出蜂巢，从而获取蜂蜜的情形（图 2-2）。

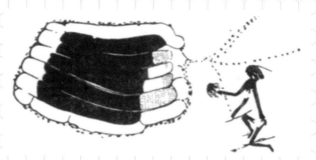

图2-2 津巴布韦马托波山区的取蜜壁画

（一）古埃及

在曾为"蜜蜂之国"的古埃及，蜂蜜一向被视为是"太阳神的活眼泪"，还有许多古时蜜蜂采蜜状况的图画和雕刻。公元前3 200年左右，在古埃及的象形文字中，蜜蜂是法老和国王的象征，因为当时人们已经知道蜂群中只有一个蜂王，认为是一群之主，是最权威的，其他所有蜜蜂都是奴仆。1913年，考古学家在埃及金字塔内挖掘出3 300年前的古老的瓦瓮，里边埋藏着许多蜂蜜，打开一看，那么多蜂蜜竟丝毫没有变质，仍然保持着诱人的清香，令人惊叹。

养蜂的早期形式已在第五朝时（公元前2 500年）传开。那时候的养蜂人在尼罗河上慢慢驾着装有泥制蜂箱的船只。白天，他们让蜜蜂成群地飞向美丽的花海；夜里，他们把船继续驶向新的地方。他们用这样的方式把成功得到的美味蜂蜜销售到各地。在古埃及，蜂蜜是很贵的。国王拉姆汉斯二世用蜂蜜支付官员的部分俸禄即可证实这一点。在著名的古埃及手抄本《现代医学的前身》中人们还发现，古埃及人将蜂蜜放入墓中作为死者去极乐世界途中的干粮。同时，古埃及人还利用蜂蜜的杀菌功能，用它来制作木乃伊，使得那些君王法老们能够与世界共存，这才使得我们这些后来人有幸目睹他们的"尊容"。

（二）古罗马

罗马人对蜂蜜的评价也很高，而且他们很早就知道，葡萄酒在需要时加点蜂蜜会变得更甜；蜂蜜还可用来做不同种类的根菜和沙拉的调味汁；新鲜的水果、蔬菜和肉放在蜂蜜里也可以保存较久。古罗马诗人维吉尔（前70—前19），在他的著作中有描述养蜂和采收蜂蜜的内容。古罗马作家、大博学家普利尼乌斯悉心研究过蜂蜜对人体健康的好处，他认为眼睛和内脏有病和溃疡时，蜂蜜就是最佳的天然药物。他曾说过："每天早晨喝一杯蜂蜜和苹果汁饮料，可以清洗整个消化道，对机体大为有益。"

（三）古印度

在古印度，用蜂蜜可以使国王变得神圣。传说中的因德拉神得到的第一种食物就是蜂蜜。其他神的身体之所以这样强壮也与蜂蜜有关。祭祀死者以后，灵魂就以蜂蜜的形态离开肉体。蜂蜜也是死者的美食。在祈祷太阳神时总是说："你们要用牛奶和蜂蜜浇灌田野，给敬仰你们的人降下蜜汁和奶油，用奶油浇灌土地，用蜂蜜浇灌空气。"

印度的文学作品中，蜂蜜被认为是"使人愉快和保持青春"的怪物，《吠陀经》里记载：人类如能经常食用蜂蜜，可以延年益寿。印度《生命之书》说：蜂蜜和牛奶相混，在机体衰竭和患肺结核的时候是最好的药物。

（四）古希腊

早在公元前 4 世纪，古希腊的城邦已在经营一个很发达的、符合法律规定的养蜂场。自然科学之父亚里士多德编写了最早的关于正确养蜂和采收蜂蜜的专业书籍。在雅典的法律中规定，各个蜂箱之间的距离至少要有91.44 米（300 英尺）。

古希腊伟大的思想家和医生希波克拉底把蜂蜜作为一种万灵药使用。他和他的学生在药方中开蜂蜜用来治疗溃疡、化脓的伤口和退烧。那时候大约有 300 种蜂蜜处方在流通。他自己也经常食蜜，活到 102 岁的高龄。亚里士多德认为，蜂蜜有促进人体健康和延年益寿的特殊作用。古希腊人把蜂蜜放入死者的坟墓作为其永远活着的象征。在他们那里蜂蜜被视为美容圣品，蜜蜂则被视为神的使者。希腊妇女们更是奇特，她们将蜂蜜一层一层地涂抹在脸上，作为化妆品用。据说希腊女子肤色柔丽、容颜娇艳与此密切相关。

二、古代中国利用蜂蜜的历史

（一）蜂蜜利用源远流长

据研究，我国殷商纣王时代已经有了蜂蜜。公元前 11 世纪，殷墟甲骨文中就有"蜜"字。公元前 3 世纪东周时期的《礼记·内则》中有"妇事舅姑，如事父母……枣、栗、饴、蜜以甘之"的记载，证明在 2 300 年前人们就以甜美的蜂蜜孝敬老人和长者。

在屈原《楚辞·招魂》中有"瑶浆蜜勺"和"蜜饵"（以蜂蜜配制蜜

酒，用蜂蜜和米、面制作蜜糕）的记载，《离骚》中有"朝饮木兰之坠露兮，夕餐秋菊之落英"的赞美诗句。战国时代名医扁鹊还擅长用蜂蜜防治疾病。这说明我国早在2 000多年以前，人们就将蜂蜜作为药品和食品，并作为贵重礼品和贡品相馈赠。

1972年，在甘肃武威旱滩坡汉墓出土了92枚木质医药简牍《治病百方》，是公元25—88年的遗物，记载的36种医方中，多处以白蜜制成丸剂、汤剂。汉代医圣张仲景在《伤寒论》中，记有世界最早的栓剂处方——"蜜煎导方"，用来治疗虚弱病人便秘之症；还在《金匮要略》中，介绍了以"甘草粉蜜汤"治"蛔腹痛"。《金匮要略》是治杂病的方书，全书262方中丸剂约20方，其中4/5是蜜丸。此后近1 800年间，各个时期丸剂中的蜜丸，大体保持这个比例。三国时期的《吴志·孙亮传》中记述有"使黄门中藏取蜜渍梅"，说明当时人们已利用蜂蜜制作果脯食用。

晋代养生保健先驱、炼丹化学家兼医药学家葛洪所著《抱朴子》和《肘后备急方》中，记有蜂蜜外用处方："五色丹毒，蜜和干姜末敷之"；"目生珠管，以蜜涂目中，仰卧半日乃可洗之，生蜜佳"；"汤火灼已成疮，白蜜涂之，以竹中白膜贴上，日三度"。晋代郭璞《蜜蜂赋》中载有"灵娥御之（蜂蜜）以艳颜"，即指晋代女子直接用天然蜂蜜抹面，护肤美容。

南北朝时期著名医学家、养生家陶弘景在《本草经集注》中将蜂蜜区分为高山岩石间采集的石蜜、树木蜂巢所作木蜜、土中蜂巢所作土蜜以及养蜂人家所产白蜜。他在《名医别录》中谈到蜂蜜时说久服能"延年神仙"。还说过"道家之丸，多用蜂蜜。修仙之人，单食蜂蜜，谓能长生"，并擅用蜂蜜等产品进行保健，"年逾八十而壮容"。

隋唐时期百岁医甄权医术高超，唐贞观十七年（643年），甄权102岁，太宗皇帝李世民亲自到他家探望并咨询药理。甄权在《药性论》中，记有"蜂蜜常服面如花红"，"治口疮，蜜浸大青叶含之"，"治卒心痛及赤白痢，水作蜜浆顿服一碗止，或以姜汁同蜜各一合，水和顿服"。同时期著名医学家孙思邈著《千金要方》和《千金翼方》，在治咳嗽（白蜜0.5千克，生姜1千克取汁）、治喘（蜜、姜及杏仁）等方中，多次列入蜂蜜。同时孙思邈讲究食疗，注意补益，开营养食疗之先河，以蜂蜜酿酒健身治病，老而不衰，年逾百岁。孙氏弟子唐朝的孟诜著《补养方》，后由张鼎增补改写成《食疗本草》，残卷尚存，其中食物26种，包括"石蜜"。该残卷珍藏于大英博物馆。

唐朝女皇武则天是个精力旺盛、魅力十足的女人。据史实记载，她是个完美主义者，在增强体质的同时，美容妆点上确实下了一番苦功夫。古书上曾如此记载："武后爱好花蜜所酿造之酒，与宠爱的侍臣同处时，必饮花蜜酒，而尽情享乐。"当武后无法吃到花蜜时，情绪会变得非常恶劣。据说有一年，突遇天荒，田地干裂，而无花蜜。她因此事而大为恼火，盛怒之下，杀了两名不知趣的宫人。总之，武后对花蜜酒非常着迷。因此，后人将此强精美容的花蜜酒也叫作"武后酒"，广流世间。据说河南商丘、洛阳一带，目前还在出产这种独特的佳酿呢！

宋代由太医院编集、国家出版的《太平圣惠方》在食疗养生抗老方中重视使用蜂蜜，第97卷食治养老诸方中收载了补虚羸瘦弱乏气力的白蜜煎丸方：用白蜜、猪脂、麻油和地黄，久服令人红光好颜色。宋代大文豪苏东坡是美食家，他好吃蜂蜜。他人生坎坷，壮志难酬，常借酒消愁，还养蜂取蜜酿酒，以消磨时日和陶冶情操，又酷爱蜂蜜甜食。因而在他的诗歌中，多涉及蜂与蜜，认识十分深刻细腻，可谓古人之冠。他于元丰三年至七年（1080—1084年）被贬为黄州（今湖北黄冈市政府所在地）团练副使后，得到了四蜀道士杨世昌酿制蜜酒的秘方，从而用蜂蜜酿酒自饮，写下了撩人欲醉的《蜜酒歌》。并题诗云："巧夺天工术已新，酿成玉液长精神。迎宾莫道无佳物，蜜酒三杯一醉君。"他的好友秦少游饮过他的蜜酒后，发出这样的感慨："酒评功过笑仪康，错在杯中毁万粮。蜂蜜而今酿玉液，金丹何如此酒强。"抒发了自己穷途潦倒的悲凉之情，又把蜂蜜酿酒的精湛技术，以及节省粮食、丰富生活的作用，描述得非常充分，读后使人如亲历其境，令人赞佩不已！这是我国迄今为止用蜂蜜酿酒的最详细的介绍。

更有意思的是当时有一位诗人僧仲殊，"食蜜以解毒"，"所食皆蜜也"，"豆腐、面筋、牛乳之类，皆蜜渍之"，故号曰："蜜殊"。他的好友苏东坡"性亦嗜蜜，能与之俱饱"，为此，苏东坡还特地写了一诗《安州老人食蜜歌》赠他，诗中说他"不食五谷唯食蜜，笑指蜜蜂作檀越"，指出"蜜中有药治百疾"。可见，苏轼对蜂蜜推崇备至。

南宋诗人陆游在他的《老学庵笔记》中，也描述了一则苏东坡嗜好蜂蜜的轶闻："一日，与数客过之……皆渍蜜食之，客多不能下箸。惟东坡性亦酷嗜蜜，能与之共饱。"寥寥数语，将苏东坡嗜蜜的癖好描写得淋漓尽致。精通医术的苏东坡嗜蜜，不只为饱口福，品其美味，而是用它养身延年。明代姚可成汇辑的《食物本草》载有蜜酒治风疹、风癣方："用沙蜜一斤，糯饭一升，面曲五两，熟水五升，同入瓶内封七日成酒，饮之大效。"

邝璠于明朝弘治七年（1494年）著《便民图纂》，汇编了民间应用蜂蜜治病的处方和加工蜂蜜的方法。

据吉林省养蜂科学研究所葛凤晨等在《吉林白蜜文化研究》（《蜜蜂杂志》2001年第1期）一文中写到：唐宋时代，蜂蜜作为贡品、礼品、商品等在官方和民间已广为交流，早在公元713年渤海国作为唐朝的附属国，经常把长白山蜂蜜当作贡品进贡唐朝皇帝；公元764年以后，渤海国受到日本天皇和官员、民众的赏识，从此开了中日蜂业贸易的史源。

然而，古代的蜂蜜大都作为贡品供帝王独享，因为养蜂技术落后，蜂蜜产量低，颇为稀奇。据《吉林通志》记载，1657年清朝设在吉林城北的打牲乌拉总管衙门，专司贡蜜的生产与采集，有专业采蜜丁200～600名。清代，白蜜被官方列为贡品中的上品，每年规定打牲乌拉向朝廷进送白蜜12匣，这种特殊的贡品送到皇宫必须经过皇帝御览后才能入库保存。而且吉林官府每在皇帝寿诞之前还要向朝廷进送白蜜贡品祝寿。皇帝按照官员品级划分蜂蜜品种，皇帝坐的大宴桌用白蜜2.5千克，大臣们坐的跟桌用红蜜1.9千克。

数千年间，由于人类对神秘的蜜蜂之国知之甚少，得到的蜜质地混浊黏稠，色、香、味欠佳，且产量也很低，还严重危害蜂群的延续、生存，长期阻碍养蜂业的发展，就是由于找不到理想的办法将蜂蜜从蜂巢单独分离出来，只好将整个蜂巢割下榨取蜂蜜。直到1851年，在充分掌握蜜蜂生物学的基础上，依据蜂巢的结构原理，美国神父郎斯特罗什发明了活框式蜂箱，使养蜂生产发生了突破性进展。从此，人们便采用离心分蜜机，从蜂巢中分离出纯净的蜂蜜，而又丝毫不损坏蜂巢的完整性，产蜜量由原始的每群年产2.5～5千克，提高到50～100千克，最高可达200千克。当今，我国作为世界养蜂大国，年产蜂蜜40万吨，成为世界第一蜂蜜生产和出口大国。过去帝王独享的贡品，已经变成社会大众人人皆可享用的健康食品。

（二）中国古人怎样用蜂蜜治病

蜂蜜的药用，最早见于《神农本草经》，它把365味药分成了上、中、下三品，而蜂蜜列为上品药。书中指出："蜂蜜味甘、平、无毒。主心腹邪气，诸惊痫痉，安五脏诸不足，益气补中，止痛解毒，除众病，和百药。久服，强志轻身，不饥不老。"在《本草纲目》中明代伟大的医学家李时珍最为全面地阐述了蜂蜜的药理作用，蜂蜜，入药之功有五：清热也、补中也、润燥也、解毒也、止痛也。生则性凉，故能清热；熟则性温，故能补中；甘而平和，故能解毒；柔而濡泽，故能润燥；缓可以去急，故能止心腹、肌肉、疮疡之痛；和可以致中，故能调和百药，而与甘草同功。总结我国古代医学文献对蜂蜜的应用可以概括如下。

1. 用于脾胃虚弱、脘腹疼痛

蜂蜜味甘，既能调补脾胃，又能缓急止痛，故可用于中虚胃痛，如《药性论》单用蜂蜜对水顿服以治卒心痛；证属虚寒者，可配白芍、甘草、桂枝、干姜等，以温中补虚止痛；如与生地汁同服，又可用于胃痛吐血。现代临床有单用蜂蜜，或配伍对症药物，治疗胃及十二指肠溃疡，均能收到较好的效果。

2. 用于肺虚久咳，肺燥干咳，津伤咽痛

蜂蜜能润肺止咳，用于肺虚久咳，肺燥干咳，津伤咽痛。蜂蜜能润肺止咳，用于肺燥干咳无痰，胸闷胁痛，咽喉干燥，可以杏仁煎汤，对入蜂蜜服。对虚劳久咳，咽燥咯血，胸闷气短，消瘦乏力，可与补气养阴之人参、茯苓、生地熬膏长服，如《洪氏集验方》中的琼玉膏。热病后期，余热尚扰，咽喉干痛，可配比甘草熬膏，含化咽津，如《圣济总录》中的贴喉膏。以蜜水含咽，有保护创面、缓解食管灼伤引起的疼痛之效。

3. 用于肠燥便秘

单用蜂蜜冲服能润肠通便，体虚津伤之肠燥便秘。也可制成栓剂纳入肛门，如《伤寒论》中的蜜煎导法，均能起到润肠而不伤脾胃的效果，也可随症配伍应用，如兼血虚者配当归、黑芝麻；阴虚者配生地、玄参；阴虚挟燥热之便秘，可与香油同用，如《古今医鉴》中的润肠汤。

4. 用于目赤、口疮、风疹瘙痒、慢性溃疡、水火烫伤、手足皲裂等

均取蜂蜜清热解毒、润肤生肌、缓解疼痛之功。多以外用为主，但亦有内服者，如《太平圣惠方》以蜂蜜和酒饮治风疹痒不止。蜂蜜炼后，其性转温，是老少皆宜的滋补品，适用于老年体衰、小儿营养不良、病后调养。还可以当作辅助药用于神经衰弱、肺结核、心脏病、肝脏病、贫血等慢性疾患。

5. 用作药物辅料

蜂蜜能调和百药，与甘草同功。

甘草，是中药中应用最广泛的药物之一。药性和缓，能调和诸药。所以，在许多中药处方中都由它"压轴"，有"药中国老""中药之王"的美称。《名医别录》说蜂蜜同甘草一样，甘草能"温中、下气、止咳止渴、解百药毒"。

药在体内，总有一定的行走规律和速度。有的药走得快，有的药走得慢。有的药是走而不守，有的药是守而不走，加入蜂蜜能让药物的药性在体内缓慢且充分地释放。同时甘甜的蜂蜜还能入脾，能缓急止痛，可用于中虚胃痛。

当然，炮制中药不只用蜂蜜和甘草。

比如半夏，也是非常好的药，化痰、降逆，但它也有毒，麻嘴、麻喉咙，喉咙麻得甚至能让人呕吐。半夏的毒最怕生姜，所以炮制半夏就要用生姜水。蜂蜜也能在一定程度上解半夏之毒。

用蜂蜜炮制药物，很多情况下能增强药效，如蜜炙黄芪可增强补气之功，蜜炙款冬花可增强润肺止咳的作用。蜂蜜还能缓和药性。如用麻黄治喘咳，蜜炙后可减轻其辛散之性；滋补的丸、膏剂，用蜂蜜作为赋形剂，不仅能矫味和黏合，还能增强补益之力。

总而言之，炮制就是用一些方法来改掉药物没有用的自然属性，保留它有用的自然属性；去掉它的毒性，保存它的药性。

6. 医圣张仲景的"蜜煎导方"

张仲景年少时随同乡张伯祖学医，由于他聪颖博达，旁学杂收，长进很快。一天，来了一位唇焦口燥、高热不退、精神萎靡的患者，老师张伯祖诊断后认为属于"热邪伤津，体虚便秘"所致，需用泻药帮助患者解出干结的大便，但患者体质极虚，用强烈的泻药患者身体受不了。张伯祖沉思半晌，也没有好的主意。张仲景站在一旁，见老师束手无策，便开动脑筋思考。忽然，他眉宇间闪现出一种刚毅自信的神情，疾步上前对老师说："学生有一法子！"他详细地谈了自己的想法，张伯祖听着听着，紧锁的眉头渐渐舒展开来。张仲景取来黄澄澄的蜂蜜，放进一只铜碗里，就着微火煎熬，并不断地用竹筷搅动，渐渐地把蜂蜜熬成黏稠的团块。待其稍冷，张仲景便把它捏成一头稍尖的细条形状，然后将尖头朝前轻轻地塞进患者的肛门。一会儿，患者拉出一大堆腥臭的粪便，病情顿时好了一大半。由于热邪随粪便排出，患者没用几天便康复了。张伯祖对这种治法大加赞赏，逢人便夸。这实际上是世界上最早使用的药物灌肠法。之后，张仲景在总结自己治疗经验，著述《伤寒杂病论》时，将这个治法收入书中，取名叫"蜜煎导方"，用来治疗伤寒病津液亏耗过甚、大便硬结难解的病证，备受后世推崇。"蜜煎导方"是世界上最早的治疗便秘的药方。

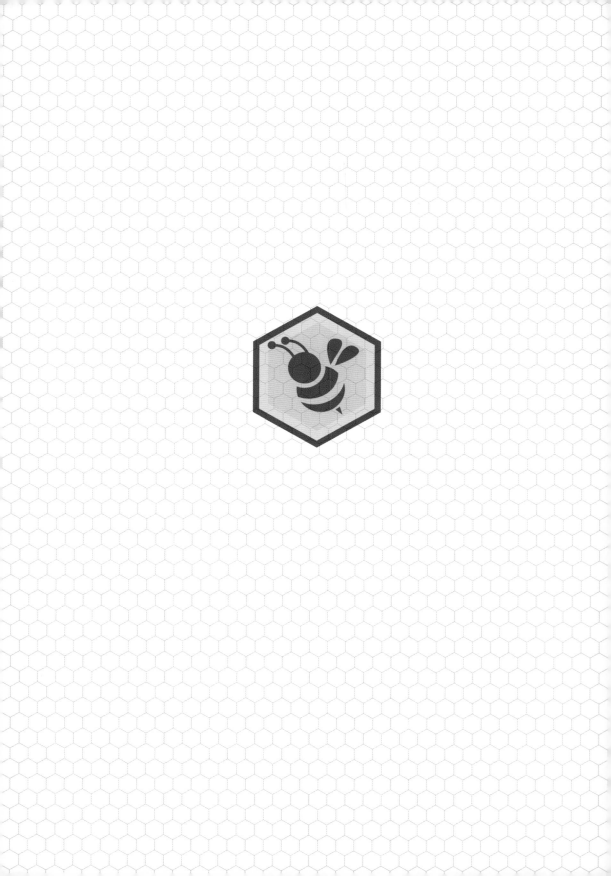

专题三

蜂蜜的成分及理化性质

　　蜂蜜的诸多益处无疑来自其本身的组成成分和性质，全面地了解蜂蜜的特性可以帮助我们更好地理解它的功能。

一、蜂蜜的成分

（一）蜂蜜的化学成分

蜂蜜含有十分复杂的化学成分，包括生物体生长发育所需的多种营养物质。截至目前，已经在蜂蜜中鉴定出 180 多种成分。首先，蜂蜜是一种糖类饱和溶液，糖分占 3/4，主要是果糖和葡萄糖，占蜂蜜总糖分的 85% ~ 95%；双糖中以蔗糖为主。此外，蜂蜜中含有蛋白质、氨基酸、色素、有机酸、糊精、胶质物、酶、激素、芳香族高级醇、维生素和由蜜蜂采集时渗入的花粉等。

1. 水分

在蜂巢内，蜂蜜储存在巢房里，天然蜂蜜成熟后工蜂用蜂蜡将其封存。这种成熟蜜的水分通常为 17%。由于我国南北方气候条件不同，成熟蜜的含水量也不尽相同，但均不超过 21%。成熟蜜具有一定的抑菌功能，不易发酵。而在常温下，当蜂蜜含水量超过 25% 时就容易发酵变质。同时，蜂蜜中水分含量对它的结晶和黏稠度影响很大。

蜂蜜中水分含量的高低主要受气候条件和生产技术的影响。例如，我国南方早春荔枝、龙眼开花季节，正逢雨季，阴雨绵绵，即便取的是封盖蜜，其水分含量也偏高。相反，在干旱季节生产的蜂蜜含水量就偏低。蜂蜜的水分来自花蜜，是花蜜经过酿造成蜂蜜时残留下来的，因此，生产技术对水分含量的影响更大。有些养蜂人为了获得高产，蜂箱内的蜂蜜水分还没有蒸发到一定的程度，就急于取蜜，当然水分偏高。一般蜜脾封盖率在80%以上，被认为蜂蜜已经酿造成熟，这时蜂蜜中的水分含量不超过20%。

2. 糖类

糖类占蜂蜜总重的70%～80%，其中，葡萄糖为33%～38%，果糖38%～42%。蜂蜜中的葡萄糖和果糖是花蜜中的蔗糖在蜜蜂分泌的转化酶的作用下产生的，它赋予蜂蜜甜味、吸湿性和能量的价值及有形的特性。在一般情况下，蜂蜜中葡萄糖和果糖含量大致相同，但果糖含量偏高些。果糖和葡萄糖的相对比例可以对蜂蜜结晶性能产生重要影响，葡萄糖相对含量高的蜂蜜更容易结晶。葡萄糖和果糖因为具有还原性，所以称之为还原糖。蜂蜜中除了果糖和葡萄糖外，还含有少量的麦芽糖、松三糖、蔗糖、棉子糖和糊精等糖类。

关于蜂蜜中的糖分，主要是研究葡萄糖和果糖等单糖的营养作用，而对蜂蜜中的寡糖和多糖很少重视。实际上，近年来人们已经注意到蜂蜜中的寡糖和多糖在各种营养和疗效中起到的重要作用。所谓寡糖，是指蔗糖、麦芽糖等9个以下单糖残基的聚合物，而多糖是指含有淀粉、纤维、糊精等10个以上单糖残基的糖类化合物。蜂蜜中寡糖和多糖的研究始于20世纪60年代，但长期以来对蜂蜜中寡糖和多糖的研究报告并不多，还有待今后进行研究和探讨。下面仅就较为重要的几种寡糖和多糖做一简要介绍。

蔗糖：蜂蜜中发现最早的寡糖就有蔗糖。关于蜂蜜中的蔗糖，不少国家的标准基本定量在3%～9%，多数定在5%以下。研究表明，成熟的蜂蜜中蔗糖的转化相当完全，根据蔗糖的含量可以鉴定蜂蜜成熟度及是否掺假。蜂蜜中的葡萄糖和果糖都是来自花蜜中的蔗糖酶对丰富的蔗糖的转化。正因为蜂蜜中这一化学变化的特性，有研究人员指出蔗糖酶是反映蜂蜜成熟度和新鲜度相当合适的指标。

麦芽糖：直到 1965 年，Axelord 在高等植物的花粉、花蜜、甘露中，发现了天然的麦芽糖，证明植物体内麦芽糖含量更为丰富。麦芽糖在蜂蜜中是属于后起之秀。它与蔗糖相比，发现迟、研究少，且历来少有重视。1979 年 Landis W. Doner 用气—液色谱检测发现，蜂蜜中麦芽糖约为 2%，异麦芽糖约为 0.7%。澳大利亚对几种主要蜂蜜测定表明，蔗糖平均为 3.3%，而麦芽糖却为 5%，其他寡糖约占 2.67%。

棉子糖等寡糖：有些蜂蜜品种中，发现有棉子糖、松三糖等寡糖，这些糖多在一些木本植物蜂蜜中发现。如澳大利亚的长喙桉蜜、赤桉蜜中，发现松三糖约为 2%，棉子糖约 1%。棉子糖、松三糖均属非还原性糖。研究表明，棉子糖是一种功能性低聚糖，当它被摄入人体后，由于人体内缺乏水解棉子糖的酶，而在人体内不易消化，但是，体内的双歧杆菌却能利用棉子糖进行繁殖。在健康人的肠道内，双歧杆菌是优势菌群，对人体的健康有很大作用，如产生的有机酸能使肠道内 pH 降低，抑制肠内腐败物质，改变大便形状，同时会使维生素的合成量增加，血中胆固醇含量降低，并能使免疫功能得到改善，对防治便秘，改善胆固醇等脂类代谢也有良好作用。此外，1970 年 Synder 指出，蜂蜜中有多种寡糖，如曲二糖、异麦芽糖、昆布二糖、麦芽三糖、松二糖、黑曲霉二糖、$\alpha-\beta$ 海藻糖、龙胆二糖、1- 蔗果三糖、6-α 葡萄糖基麦芽糖、异麦芽三糖、果糖葡萄糖、异 6-α

葡萄糖基麦芽糖、异麦芽四糖、异麦芽五糖等。不过，对这些高糖并未有更深入的研究资料。

果聚糖：随着对蜂蜜众多的食疗和补疗的良好效果的认识，人们发现了蜂蜜中的"蜂蜜多糖"——果聚糖的作用。蜂蜜中发现果聚糖也是近年来的事。对蜂蜜中的果聚糖的具体含量尚未报道，但若把蜂蜜中的一些寡糖或一些天然的糊精成分近乎果聚糖的话，则有一些零碎的报道，如White 通过对 100 多份蜂蜜样品研究发现，蜂蜜中寡糖类为 0.6%～1%。而 1979 年 Dandamts 和 Sons 等人发现，蜂蜜糊精并非一般的糊精，而应叫蜂蜜糊精，并认为这种糊精是由果糖组成的，还列出了这种糊精含量在 2% 以下。

蜂蜜的主要成分是糖分，糖分是蜂蜜抗衰老等作用的主要功能因子，其中最重要的是蜂蜜中的多糖。多糖具有广泛的保健作用，如人参有效成分是人参皂苷类，而人参皂苷又是多聚糖的衍生物，是人参萜二醇或人参萜三醇与多个葡萄糖或葡萄糖苷的结合体。在 1981 年的《药学通报》上王本祥发表文章，认为"从人参里提取出水溶性人参多糖。动物实验证明，人参多糖能增强机体免疫功能，对小鼠 Sarcoma 180 有 40%～60% 的抑肿率"。林启寿编著的《中草药成分化学》一书中指出："中药桔梗中含有桔梗糖，是由 10 分子果糖缩合成的多糖，结合的形式可能与菊淀粉相似。最近引起广泛注意的许多多糖，特别是多聚葡萄糖具有显著的抗癌活性，用量为 2～15 毫克／千克体重时，在鼠体内就能发挥抗肉瘤 Sarcoma 180 的作用，其有效率可达 90%，毒性很低。""用类似的方法可以从香菇、光帽黄伞、茯苓等分离出多糖……都具有显著的抗癌活性。"蜂蜜中含有的某些成分与上述中草药中起抗疾病作用的成分相似，所以在这方面的作用也类似。

在不同的国家或同一国家不同地区，由于蜜源植物的不同，蜂蜜中的糖分和水分含量也不相同；环境和气候不一样，其含量也有不同，有的差异甚大，见表3-1、表3-2。

表3-1　世界主要产蜜国家的蜂蜜糖分和水分含量（％）

国家	样品数	水分	总还原糖	葡萄糖	果糖	蔗糖	麦芽糖
日本	15	20.5	69.2	32.6	36	2.83	
巴基斯坦	15	14.3～18.6		39～53.8	34.2	2.75	
南非	66	16.2		31.5	35.5	0.54	5.4
阿根廷	58			34.3	40.9		
加拿大	40	17.5		33.8	38.8	1.2	6.1
澳大利亚	99	15.6	73.5	30.2	43.38	2.5	
新西兰	21	17.5		36.2	40	2.8	
中国	206			32.81	38.64	0.97	0.79
俄罗斯	217	18.6	73.8	35.9	37.4	2.1	
罗马尼亚	257	16.5	75.6	34	38.4	3.1	
美国	490	17.2		31.3	38.2	1.3	7.3
西班牙	230	17.3		28.4	36.2	0.9	8.2

表 3-2　我国 19 种主要蜂蜜品种的糖分（%）

蜂蜜品种	样品数	果糖		葡萄糖		蔗糖	麦芽糖	总糖	
		X	S. D.	X	S. D.	X	X	X	S. D.
油菜蜜	20	34.74	3.38	36.72	2.65	0.54	0.46	72.46	5.22
紫云英蜜	14	39.79	2.37	35.19	3.29	0.74	0.51	76.23	3.88
椴树蜜	15	38.18	2.49	33.72	3.34	2.22	1.16	75.28	4.79
枣树蜜	8	39.83	4.58	28.93	2.69	1.88	0.44	71.08	8.04
刺槐蜜	29	44.3	4.82	30.71	4.26	0.97	0.79	76.77	8.34
荆条蜜	13	38.36	5.04	31.13	3.96	0.65	0.56	70.7	8.33
荔枝蜜	14	34.44	2.74	34.82	1.4	0.032	0.23	69.81	3.64
向日葵蜜	13	39.31	5.93	33.73	5.67	0.43	0.48	73.95	8.26
野坝子蜜	7	31.94	2.1	41.43	4.61	1.17	0.86	75.4	6.04
乌桕蜜	8	35.14	4.19	33.35	2.07	0.85	0.89	70.23	5.84
棉花蜜	3	34	5.43	37.8	6.01	0.27	0.7	72.77	8.01
枔蜜	4	36.03	2.6	34.4	2.3	0.25		70.68	5.1
桉树蜜	3	34.77	7.08	33.83	5.37	0.37	0.77	69.74	11.27
柑橘蜜	5	36.46	2.23	33.08	3.53	0.72	0.36	70.62	4.28
党参蜜	5	44.36	4.73	25.14	2.67	0.1		69.6	6.2
百里香蜜	4	41.05	2.38	27.88	5.41	2.08	2.48	73.49	6.83
胡枝子蜜	4	37.19	4.43	29.75	3.86	4.21	1.76	72.91	6.18
草木樨蜜	2	45.5	0.57	36.15	2.76	0.7	1.25	83.6	3.1
狼牙刺蜜	2	46.05	0.21	36.85	3.32	1.65	0.65	85.2	2.69

3. 酸类

蜂蜜中含有多种酸，且绝大多数为有机酸。其中，最主要的是葡萄糖酸和柠檬酸，此外还有醋酸、丁酸、苹果酸、琥珀酸、甲酸、乳酸、酒石酸、氨基酸等。无机酸中有磷酸和盐酸。蜂蜜中的有机酸，绝大多数是人体代谢所需的。这些酸使蜂蜜的pH为3.2 ~ 4.5，呈弱酸性，并具有特殊的香气，在储藏的过程中它们还能降低维生素的分解速率。蜂蜜中的酸类化合物包括有机酸、无机酸和氨基酸。有机酸的平均含量约占蜂蜜的0.1%，其中最主要的是柠檬酸和葡萄糖酸、鞣酸、葡萄糖醛酸、山梨酸、阿司匹林、甲酸和乳酸等。蜂蜜中的无机酸包括磷酸、硼酸、碳酸和盐酸等。

蜂蜜中大概含有17种以上的氨基酸，最主要的氨基酸有脯氨酸、丝氨酸、谷氨酸、胱氨酸、甘氨酸、缬氨酸、蛋氨酸、亮氨酸、异亮氨酸等，其中有8种是人体必需的。花蜜、花粉的种类不同，蜂蜜中的氨基酸含量也不同。经测定，深色蜜的氨基酸含量比浅色蜜高，如荞麦蜜不仅含量可达0.784%，而且含氨基酸种类多。据新疆石河子农学院夏开平等对石河子地区生产的葵花蜜的分析，每100克中氨基酸含量为（毫克）：赖氨酸1.103，蛋氨酸0.101，精氨酸0.208，组氨酸0.839，苏氨酸0.679，缬氨酸0.393，亮氨酸0.142，异亮氨酸0.275，苯丙氨酸0.795，天冬氨酸0.377，丝氨酸0.790，谷氨酸0.603，脯氨酸0.390，总氨基酸8.045；必需氨基酸含量为4.535，为总氨基酸的56.37%。荔枝蜜、乌桕蜜、鸭脚木蜜的氨基酸含量见表3-3。

表3-3　荔枝蜜、乌桕蜜、鸭脚木蜜的氨基酸含量（毫克/毫升）

氨基酸	荔枝蜜	乌桕蜜	鸭脚木蜜
天冬氨酸	0.006 4	0.036 3	0.003 3
苏氨酸	0.014	0.006 2	0.008 9
丝氨酸	0.011 1	0.004	0.001 9
谷氨酸	0.014 2	0.002 4	0.008
脯氨酸	0.058 7	0.012 5	0.054 6
甘氨酸	0.001 6	0.002 8	0.002 4
丙氨酸	0.005 1	0.005 7	0.005 4
胱氨酸	0.003 9	0.007 2	0.003 8
缬氨酸	0.005 7	0.005 7	0.005 8
牛磺酸	未测	0.026	0.002 51
蛋氨酸	0.000 8	0.000 8	0.000 9
异亮氨酸	0.002 7	0.003 6	0.003 7
亮氨酸	0.005 2	0.005 1	0.003 3
酪氨酸	0.006 2	0.012 1	0.006 3
苯丙氨酸	0.027 6	0.030 6	0.006 9
赖氨酸	0.013 9	0.007 3	0.016 6
组氨酸	0.001 2	0.003 5	0.003 9
精氨酸	0.000 7	0.000 9	0.005 2
氨基酸总量	0.18	0.17	0.16

蜂蜜虽呈酸性，但蜂蜜是高浓度的糖溶液，甜度很高，一般是品尝不

出酸味的，其酸味大部分被掩盖住了。

4. 蛋白质

蜂蜜含有少量的蛋白质，种类上也不多，主要来自蜜源植物和蜜蜂本身，粗蛋白质含量占蜂蜜的0.1%～0.5%，如紫云英蜜粗蛋白含量为0.2%，棉花蜜为0.4%，荞麦蜜为1.26%。

蜂蜜中通常存在有胶体物质的蛋白质，通常被称为胶体蛋白，它由蛋白质、蜡类、戊聚糖类和无机物组成，它是分散在蜂蜜中的介于分子和悬浮颗粒（如花粉粒）之间不能用过滤方法除去的质粒。这种胶体物质对蜂蜜的色泽和混浊度有一定的影响，并能促使蜂蜜起泡沫，在浅色蜜中含量约为0.2%，深色蜜中含量约为1%，影响蜂蜜的商品价值。

5. 矿物质

矿物质又叫无机盐或灰分。不同品种或同一品种不同地区的蜂蜜中矿物质的含量有很大差异，不同植物吸收矿物质的能力各不相同，所以造成各种蜂蜜中的矿物质含量差异如此之大，其范围为0.02%～1%，平均含量为0.17%。蜂蜜中所含矿物质主要有铁、硫、铜、钾、钠、镁、锰、锌、磷、硅、钴、硒、锡、钛、硼、铝、镉、碘、镍、铅等20多种，种类十分丰富。这些矿物质主要来自花蜜，因而与蜜源植物生长的土壤和周围的大气有一定的关系，一般深色蜂蜜矿物质含量高于浅色蜂蜜。

矿物质在人体新陈代谢的生命活动中是必不可少的，人体缺乏这些微量元素会引起各种各样的疾病，但其含量太多又会引起中毒。研究表明，蜂蜜中的矿物质有利于调节人体内酸碱平衡，可以防止酸中毒。蜂蜜常被误认为是酸性食品，因为一般的甜食都是属于酸性的。事实上，蜂蜜本身的确呈酸性，但根据定义，酸性食物是指经过人体内氧化、分解后形成具有使血液呈酸性反应的带阴离子的硫酸、盐酸、磷酸等酸根的食物；碱性食物是指在人体内经过氧化、分解后就成为水和二氧化碳排出体外，而所含的金属元素如钠、钾、钙、镁、锌、铁等在体内形成了使血液呈碱性反应的带阳离子的碱性氧化物的食物。蜂蜜进入人体后便变成碱性的，因为蜂蜜中含有大量的钾、钙、镁、钠等多种矿物质，因而属于碱性食品。

　　另一方面，蜂蜜中多种矿物质元素能提高人体体质和防治疾病。如钾是维持心脏正常功能的元素；铁可治疗缺铁性贫血；钙、镁、磷是构成骨骼的元素，钙还可预防抽搐；镍可以治疗糖尿病；锌可以治疗性器官发育不良，人体中的锌还是数十种酶的成分之一，这与核酸和蛋白质合成有关，也与胰岛素的合成有关，每一分子胰岛素中有两个锌离子，当人体锌缺乏时会使味觉和嗅觉的灵敏度下降，创伤不易愈合，性机能减退，还可引起贫血。铬可激活胰岛素，预防糖尿病和视力减退，还可降低血清总胆固醇，升高高密度脂蛋白，因此对防治动脉粥样硬化症有效；铜能帮助人体吸收铁、运送铁和利用铁，所以当人体缺乏铜时就会患低色素小红细胞型贫血症，铜还是构成铜蛋白和各种含铜酶的原料，没有铜就使许多含铜的酶无法合成，从而影响人体的正常生理活动；锰参加人体发育和性成熟，还可以促进骨的钙化；硒是人体红细胞中一种含碱酶的成分，这种酶叫谷胱甘肽过氧化物酶，它具有抗氧化、保护红细胞的作用，还对某些化学致癌物质有抵抗作用。

美国科学家施罗德说："在营养中，微量元素比维生素更重要，因为维生素能够在人体和动物体内合成，而微量元素只能从外界环境中摄取。在生命的化学过程中，微量元素就跟火花塞一样，在食物消化过程中，广泛参与能量的转换和活细胞的构成。"由此可见，蜂蜜具有延年益寿和防治疾病的作用，蜂蜜中的矿物质含量虽不高，但矿物质种类和含量与人体血液中的种类及含量十分相近，这是蔗糖不能相比的。因此，用蜂蜜代替白糖使人体摄取更多的矿物质，从这一角度而言，是蜂蜜的又一种新的营养价值。

6. 酶类

蜂蜜中的主要活性物质是酶。蜂蜜酶的种类十分丰富，这些酶是蜜蜂在酿蜜时所分泌的，也有少量是由植物分泌的。有转化酶（如蔗糖酶、淀粉酶、葡萄糖氧化酶、过氧化氢酶等）、还原酶、脂肪酶等。酶类是有机体的生命活动中不可缺少的物质。蜂蜜中的酶主要是蔗糖酶（转化酶）、淀粉酶。蔗糖酶之所以称为转化酶，是因为蔗糖酶能将花蜜中的蔗糖转化为具有旋光性的单糖，即左旋糖（α–果糖）和右旋糖（α–葡萄糖）。

它在蜂蜜成熟过程中起重要作用，即把花蜜中的蔗糖转化为葡萄糖和单糖，并在储存过程中继续作用，使蔗糖含量下降，转化糖的含量相应升高。但蔗糖酶对温度反应敏感，在 40 ~ 45℃条件下，经过 3 小时都很稳定；当温度达到 50℃，经过 1 小时，损失率达 45.56%；当温度达到 60℃时，经过 1 小时其损失率达 86.66%，经过 3 小时损失率达 96.48%。

蜂蜜中的淀粉酶和其他酶一样对热不稳定，长期储存酶值会下降，在常温下储存 17 个月后，淀粉酶的含量可能会失去一半，但淀粉酶的作用至今不明。实验表明，淀粉酶在 40℃条件下，经过 3 小时，酶值几乎无变化；当温度达到 45℃时，淀粉酶值就会下降，经过 3 小时淀粉酶的损失率为 35.46%；在 50℃经过 3 小时其损失率为 41.53%；在 60℃经过 1 小时其损失率为 48%，3 小时损失率为 71.75%。所以，淀粉酶值的高低，可表示蜂蜜的新鲜度和成熟度。由于淀粉酶易于测定，目前世界各地都已把淀粉酶值作为蜂蜜质量的重要指标之一。由于蜂蜜含有较多的蔗糖酶和淀粉酶，所以蜂蜜可以增加食欲和帮助消化，更适宜老人食用。

蜂蜜中还有如葡萄糖氧化酶、过氧化氢酶、磷酸酶以及还原酶、类蛋白酶和酯酶等重要的酶。这些酶主要来自蜜蜂的唾液，它们是在酿造蜂蜜的过程中加入到蜂蜜中去的。蜂蜜具有强烈的抑菌作用，蜂蜜中的葡萄糖氧化酶可将葡萄糖氧化为葡萄糖酸和过氧化氢，过氧化氢有很强的杀菌作用。因此，食用蜂蜜可以治疗肠炎和胃溃疡。

7. 维生素

蜂蜜中含有多种维生素，而且含量丰富，含量最多的是维生素 C。早在 1942 年就发现蜂蜜中含硫胺素（维生素 B_1）、核黄素（维生素 B_2）、吡哆醇（维生素 B_6）、泛酸（维生素 B_5）和烟酸，还有维生素 C 等多种维生素。现代研究表明，蜂蜜中的维生素主要来源于花粉，少量来自花蜜，因此各种蜂蜜中维生素含量也不一样，综合有关分析资料，每 100 克蜂蜜含维生素 A 5 000～9 000 毫克；维生素 B_1 2.1～9.1 毫克，平均 5.5 毫克；维生素 B_2 35～145 毫克，平均 66 毫克；维生素 B_6 227～480 毫克，平均 299 毫克；维生素 C 500～6 500 毫克，平均 2 400 毫克；烟酸（维生素 PP）110～940 毫克，平均 330 毫克；泛酸 25～190 毫克；叶酸（维生素 M）3 毫克；维生素 E 5 000 毫克；维生素 K 25 毫克；维生素 H 66 毫克；生物素 6.6 毫克。

蜂蜜中每种维生素的含量极微，在单独使用维生素时效果远比不上综合使用，虽然蜂蜜中所含各种维生素数量都不多，但其效果相当大。实践表明，一般制作成药品出售的维生素，多半属于非活性型，必须大量综合使用才显效；而蜂蜜中所含维生素则是属天然活性型，只需少量服用就有显著效果。维生素 A 含量最高，有增强视力和抗衰老作用；维生素 B_6 有美化肌肤的作用；将糖类变成能量不可缺少的元素是维生素 B_1，人体一旦缺乏就会因能量不足使人产生倦怠感；维生素 B_2、维生素 B_6、维生素 B_{12} 对于脂肪代谢有促进作用，有助于防止动脉硬化；泛酸可促进糖类、脂肪、蛋白质的代谢，有促进发育、防止老化的功能，对增强精力也很有效；人体一旦缺乏维生素 K 就容易引起大量出血，因此维生素 K 是血液中凝固所需的凝血酶原生成的必要元素；叶酸与铁或铜组合，可增强造血机能，对预防贫血很有效。总之，蜂蜜的多种维生素具有增强人体免疫功能，防治心血管疾病和维生素缺乏症等作用。

8. 乙酰胆碱

蜂蜜中含有乙酰胆碱，还含有大量的胆碱，乙酰胆碱和胆碱之比为1∶30。每100克含1 200～1 500微克。乙酰胆碱有增加食欲和保护大脑的功效。

当代记忆权威学说——神经递质学说表明，大脑内一种记忆物质——乙酰胆碱的含量决定大脑记忆功能的强弱。这种记忆物质是存在于大脑细胞神经之间的一种信息传导递质，当大脑内它的含量高时，记忆脑区神经传导功能就强，脑神经之间的信息传递速度就快，人的记忆力就增强，各项脑功能也相应得到改善。反之，如脑内乙酰胆碱的含量降低，记忆区神经传导功能就减弱，脑神经之间信息传递速度就慢，人的记忆力就下降，就会出现各种脑功能障碍。美国医生伍特曼观察到老年人脑组织乙酰胆碱减少（正常老人比年轻时下降30%，老年痴呆患者下降可达70%～80%），就让老年人吃含高胆碱的食品，发现有明显的防止记忆减退的作用。英国和加拿大等国的科学家研究也表明，避免60岁左右老年人记忆力减退只要有控制地供给足够的胆碱就可以。所以，解决记忆力下降的根本途径是保持和提高大脑中乙酰胆碱的含量。蜂蜜中的乙酰胆碱不必经过体内合成就能直接被神经细胞吸收和利用；蜂蜜中所含大量的胆碱在人体内起生化反应，合成具有生理活性的乙酰胆碱。因此，经常服用蜂蜜可以提高脑内乙酰胆碱的含量，从而促进激活脑神经传导功能，提高信息传递速度，增强大脑记忆能力，全面改善脑功能，并能延缓衰老。

9. 黄酮类化合物

目前在蜂蜜中已发现有10多种黄酮类化合物。不同样品共测出16种黄酮类化合物，总黄酮含量为 5 ~ 20 微克 / 克，主要是松属素、五叶松素、短叶松素、高良姜精、柯因等。蜂蜜中的黄酮类化合物因蜜源植物不同其种类不同，如合欢素是刺槐蜜的主要成分；枣花蜜中常见的有槲皮素、杨梅黄素、鼠李素等；皂草黄素是荆条蜜的主要成分；杂花蜜中常见的是木樨草素、小麦黄素、芹菜素等。

研究表明，黄酮类化合物是目前各国学者主要研究的一类化合物，具有抗菌、抗病毒、抗过敏、抗癌、抗细胞分化的特性。我国研究的防治气管炎的 124 种植物药物中，有 69 种其主要成分是黄酮类化合物。

10. 芳香类化合物

醇和醛的衍生物及其相应的脂类化合物是蜂蜜中主要的芳香物质。大部分芳香物质来自于花蜜，少部分在酿造蜂蜜的过程中产生，它赋予蜂蜜独特的香气。如椴树蜜同椴树花一样含挥发油，挥发性成分中有倍半萜脂肪族醇，也就是使蜂蜜具有特殊芳香的麝子油醇。薄荷蜜和薄荷花都含有同样的挥发油，其成分有薄荷醇、薄荷呋喃、γ – 派水芹烯、柠檬烯、乙醛、桉脑油、香荆芥酚等，薄荷蜜具有特殊的风味就源于这些挥发油。

11. 其他成分

蜂蜜具有较强的抑菌作用得益于蜂蜜中含有 0.1% ~ 0.4% 的抑菌素，只是蜂蜜中的抑菌素不稳定，遇到热和光会相应地降低活力。蜂蜜含有胡萝卜素、叶绿素及其衍生物叶黄素等抑菌素，还含有花粉、蜡质、树脂、去甲肾上腺素、肌醇等生物活性物质。

二、蜂蜜的性质

虽然蜂蜜种类繁多，成分比较复杂，但衡量其性质的主要理化参数基本相同。蜂蜜具有状态、比重、色泽、香气、味道、吸湿性、黏滞性、触变性、折光性、旋光性、结晶和发酵等理化性质。

（一）蜂蜜的状态

蜂蜜刚从蜂巢取出时是颜色呈透明或半透明的黏稠状液体。经过一段时间或在低温下储存，如油菜蜜、荆条蜜、椴树蜜、野桂花蜜等相当一部分蜂蜜品种呈半固体的结晶状态。结晶蜂蜜分为油脂状、细粒状和粗粒状，油脂状是由于结晶核的数量多且密集，在形成结晶的过程中很快地全面展开；细粒状是结晶核稍少，结晶又快；而结晶核数量少，结晶又慢时，每个结晶核都有足够的葡萄糖分子使其成长起来，这样就形成粗粒状或块状结晶。不同品种的蜂蜜结晶尽管有各种各样的结晶形态，但某些单花种蜜结晶的形态相对是比较固定的，这对感官识别和鉴定某些品种的蜂蜜提供了直接的形态依据。纯净的刺槐蜜、枣花蜜、党参蜜等就算是在低温下储存，都呈液态状。

（二）蜂蜜的比重

比重也称相对密度。某物质在某一特定温度、压力下的密度同纯水在标准大气压下的最大密度（温度 3.98℃时的密度为 999.972 千克/米^3）的比值称为液体或固体的比重。蜂蜜的比重比一般液态食物大得多，为 1.401～1.443。蜂蜜的成熟度和含水量直接影响比重的大小。水的比重为 1，因此含水量越低的蜂蜜比重越大，蜂蜜的成熟度也越高。在我国生产和流通领域里，蜂蜜通常采用波美度来表示。

（三）蜂蜜的色泽

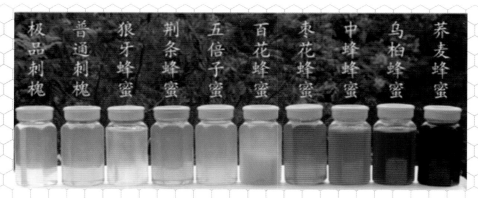

图 3-1 不同蜂蜜的色泽比较

不同的蜜源其蜂蜜的色泽是不同的，蜂蜜的色泽主要取决于蜜蜂采集的蜜源植物，从最浅淡的无色到最深暗的深琥珀色，其间色泽相差很大（图3-1）。但绝大多数蜂蜜的基本色泽在特白色至浅琥珀色之间，在这个基础上还包括不同程度的绿色、红色和黄色等。如狼牙刺蜜略带绿色，荆条蜜略带红色，向日葵蜜则是鲜黄色。不同的地理位置的蜂蜜色泽也不同，如我国西北地区生产的油菜蜜、棉花蜜，其色泽比其他地区生产的要深暗一些。此外，蜂蜜在储存、加工过程中，焦化和褐变反应产生的暗色物质，直接影响蜂蜜的本来色泽，使浅色的蜂蜜色泽变深。一般由色素和矿物质构成蜂蜜的色泽，虽然它们在蜂蜜中含量极少，但是它们决定某种蜂蜜色泽的深浅。蜂蜜中有胡萝卜素、叶绿素、叶绿素衍生物、叶黄素等色素。这些色素大多是蜜蜂采集花蜜和花粉时得到的，或是花粉中的色素溶解在蜂蜜中形成的。不同蜜源花种的蜂蜜所含色素的种类以及比例是不同的，因而不同花种的蜂蜜色泽也就不同。由于蜜源花种的不同和地理条件的差异等因素，蜂蜜中的矿物质含量差别很大，含量越高，色泽就越深。美国舒特对 400 多个样品蜂蜜中的矿物质分析测定的结果表明，深色蜜的矿物质含量平均比浅色蜜高 4.6 倍。

知识链接

目前国际上大都采用普芬特分色仪对蜂蜜色泽测定分级，以毫米计数（有的也习惯用厘米计数），作为测定蜂蜜色泽的单位，数值的范围为 1 ～ 140 毫米，包括从水白色到深琥珀色。为了把测定得到的不同蜂蜜色泽数值进行分级，我国把蜂蜜的色泽划定为 7 个色值范围（在 1 ～ 140 毫米的范围中），同时在一级范围中规定了专用色泽术语，从最浅的水白色到最深的深琥珀色的 7 个色值范围分别是：

水白色　　8 毫米以下范围（1 ～ 8 毫米）光密度值 0.094 5

特白色　　17 毫米以下范围（8 ～ 17 毫米）光密度值 0.189

白色　　　34 毫米以下范围（17 ～ 34 毫米）光密度值 0.378

特浅琥珀色 50 毫米以下范围（34 ～ 50 毫米）光密度值 0.595

浅琥珀色　85 毫米以下范围（50 ～ 85 毫米）光密度值 1.389

琥珀色　　114 毫米以下范围（85 ～ 114 毫米）光密度值 3.008

深琥珀色　114 毫米以上范围（114 ～ 140 毫米）

浅色蜜一般都具有清香怡人的气味和甜而不腻的口味，即色、香、味及适口性俱佳。而深色蜜则往往气味郁烈，口感较差，有的甚至还带有异味。有的蜂蜜虽然色泽较浅，但在储存、加工过程中，由于管理或工艺不合理，造成色泽加深，使本身较好的色、香、味变劣，降低了商品品位。尽管色泽较暗的蜂蜜比色泽浅淡的蜂蜜的矿物质含量高得多，从某种意义上可以说深色蜜比浅色蜜的营养丰富，但是在国际贸易中浅色蜜大受青睐，价格也比深色蜜高出许多。所以说，在国际贸易中，蜂蜜色泽的深浅既是衡量质量的高低，同时又是显示商品价值的重要标志。

（四）蜂蜜的香气

　　蜂蜜的香气复杂而特殊，一般说来蜜香与花香是一致的。蜂蜜的香气有淡淡的清香、浓郁的芳香、浓烈的刺激性气味等不同风味。不同品种的蜂蜜其香气也不一样，正常情况下，颜色浅淡的蜂蜜其香气、味道清香醇正；色泽深的蜂蜜香浓味烈。蜂蜜的香气来自蜂蜜中所含的酯类、醇类、酚类和酸类等100多种化合物，其中主要是来源于花蜜中的挥发油，一小部分来自酿造蜂蜜的过程。蜂蜜的香气在储存、加工过程中会逐渐消失，其损失程度与各种成分的沸点及加工储存的温度和时间有密切关系，因为蜂蜜中香气成分都是挥发性物质。由于蜂蜜中芳香成分主要是含氧衍生物及萜烯类，这些成分在酸碱、加温及长时间储存时可发生各种变化。如含氧芳香成分氧化产生低级脂肪酸、醛，如甲酸、乙酸、丙酸有较强的刺鼻气味；丁酸、己酸、癸酸有难闻的酸臭味；甲醛、乙醛等低级醛有刺激味；糖醛是糖分解产生的，有令人不快的气味。在加热过程中，由于糖类、氨基酸、脂类等的非酶反应而生成的其他化合物，会产生一种综合的气味即加热煮熟味，有令人不愉快的气味。

（五）蜂蜜的味道

蜂蜜中含有高浓度的糖，65%以上是葡萄糖和果糖，所以蜂蜜主要是甜的，即人们常说的"甜如蜜"。但因为蜜源种类不同，在口感上有些蜂蜜略带酸味（如芝麻蜜甜中带酸）、苦味或咸味，有些还有刺激味（如荞麦蜜甜中带刺激性味道）。质量较次的蜂蜜略带有苦味、涩味或酸味。

通常以蔗糖为标准进行比较的相对甜度为甜度，蔗糖甜度为100，葡萄糖为74，果糖为173，蜂蜜中的葡萄糖和果糖大体相等，所以同一浓度的蜂蜜甜度比蔗糖约高25%，因此有"糖甜不如蜜甜"的说法。此外，蜂蜜中丰富的酸类赋予蜂蜜特有的风味，蜂蜜味道与蔗糖味道不同从适口性、润喉性和回味性等方面体现出来，有经验的人用口品尝很容易将它们区分开来，甚至还可以用口鉴别出蜂蜜中掺有15%的蔗糖。

蜂蜜中主要含有葡萄糖酸和柠檬酸，此外，还含有醋酸、丁酸、苹果酸、琥珀酸及微量的磷酸、盐酸及氨基酸。蜂蜜中的有机酸主要是糖类分解时的副产物，它赋予了蜂蜜口味上的复杂性。正常的蜂蜜口感无明显的酸味，酸度值在4以下，当蜂蜜由于储存条件或其他原因而引起发酵时，其酸度会增大，产生明显的酸味。

（六）蜂蜜的吸湿性

一种物质在潮湿环境中吸收空气中水分的性质是吸湿性。随着空气湿度变化所吸水分发生变化。而所含水分在干燥环境又能向空气中散发，使所含水分与空气湿度达到平衡。可以用含水率表示吸湿性的大小。

在空气潮湿时蜂蜜能吸收空气中的水分，吸收的能力随蜂蜜的浓度、空气湿度的增加而增加。当蜂蜜含水量为17.4%、空气相对湿度为58%时，蒸发和吸收的水分基本相等。如果把这种蜂蜜暴露在相对湿度高于或低于58%的空气中，它就会吸收空气中的水分或将自身水分散失到空气中，直到与周围空气的相对湿度取得平衡为止。因此，储存蜂蜜的容器应盖严，如果加盖不严，在雨季空气湿度大时，蜂蜜就会吸湿变稀；相反在旱季空气干燥，蜂蜜会失水变稠。当蜂蜜变稀时，刚开始是上层变稀，以后逐渐扩展到下层。当蜂蜜失水变稠时，上层变浓，有时会形成一层很稠的保护膜，防止底层水分散失。

（七）蜂蜜的黏滞度

蜂蜜的黏滞度即抗流动性，人们常称之为稠度。黏滞度高的蜂蜜，流动速度慢；反之，流动速度快。蜂蜜的成分决定黏滞度，含水量和温度决定蜂蜜黏滞度的高低。蜂蜜中的含水量越低，其黏滞度越高；含水量越高，其黏滞度越低。温度对黏滞度的影响更明显，当温度升高时，黏滞度明显降低；温度降低时，黏滞度明显增高。黏滞度高的蜂蜜难以从容器中倒出来，或难以从巢脾中分离出来，加工时降低过滤和澄清速度，气泡和杂质不易清除，粘在容器上不易分离下来，损耗较大。所以，在加工时适当加热还是必要的。有些蜂蜜在剧烈搅拌或激烈震动之下黏滞度降低，但静置后又恢复原状，这叫作摇溶现象或触变性。美国的蜂蜜没有显著的触变性，欧洲的石楠蜜和新西兰的茶树蜜有显著的触变性，这是由于一种蛋白质所引起的，把这种蛋白质提取出来，触变性就消失。如果把石楠蜜的蛋白质提取出来加到三叶草蜜里，后者便获得触变性。

（八）蜂蜜的折光性

蜂蜜具有折光性，测定蜂蜜的折射率，是鉴定蜂蜜浓度（或含水量）的一种简单而又准确的方法。蜂蜜的折射率和比重一样，取决于蜂蜜的含水量和温度，随着浓度的增大而递增，随着温度的升高又递减。在20℃时，含水量为23%～17%的蜂蜜折射率为1.478 5～1.494 1。

（九）蜂蜜的旋光性

蜂蜜具有旋光性质，它本身的结构、溶液的浓度、液层厚度、偏振光及温度等因素影响它的旋光性。但旋光性主要是由蜂蜜中的糖类化合物所产生的，花蜜酿造成蜂蜜的过程中产生葡萄糖和果糖，蔗糖是右旋糖（＋），水解后得到的右旋的葡萄糖（＋）和左旋的果糖（－）的混合物是左旋（－）。所以，正常蜂蜜是左旋。如果向蜂蜜中掺入蔗糖或葡萄糖，就会引起旋光度的改变，即左旋变小，甚至转为右旋。根据蜂蜜的旋光特性，用旋光仪测定蜂蜜的旋光度，不仅可以对蜂蜜中糖类成分做定量分析，并且可以分辨其真伪，鉴别蜂蜜中是否掺有蔗糖或葡萄糖。

（十）蜂蜜的结晶（图 3-2）

图 3-2　结晶蜜

　　在食用蜂蜜过程中遇到的一个实际问题就是蜂蜜结晶，尤其是在冬季和初春季节，食用的蜂蜜外观上从透明变混浊，颜色从深变浅，状态从液态变半固态，最后沉淀在容器底部，甚至全部或大部分变成白色的粒状体，这种现象叫蜂蜜的结晶。很多消费者认为蜂蜜应该是液体状态的，因而专门购买未结晶的蜂蜜，认为未结晶蜜是纯蜂蜜，而错误地认为白色的沉淀粒状物是掺入的白糖，这完全是一种误解，其实人造假蜜更不易结晶。我国蜂蜜质量标准规定蜂蜜的正常状态是"透明黏稠的液体或结晶体"，对最好的一等蜂蜜和最次的等外蜂蜜的状态描述是相同的，结晶的晶体主要是葡萄糖，并非掺入的白糖。这说明蜂蜜结晶是一种正常现象。蜂蜜结晶是一种物理变化现象，像水结冰也是物理变化一样，其化学成分、营养价值都未发生变化，更不会影响蜂蜜的质量。

据观察，任何一种蜂蜜刚分离出来时，看起来都是澄清透明的。即使是最清澈的分离蜜，在显微镜下都能观察到其中有许多葡萄糖的小晶核存在，在适宜条件下，这些极小的结晶核不停地运动，蜂蜜中的葡萄糖就围绕着结晶核像滚雪球一样，不断运动，逐渐增大，成为体积较大的结晶粒，重量慢慢增加，缓慢下沉。葡萄糖具有容易结晶的性质，蜂蜜结晶实质上是葡萄糖的结晶，通常蜂蜜中葡萄糖的含量越高，结晶粒的数量也越多，结晶的速度就越快。影响蜂蜜结晶的因素很多，结晶的快慢除与所含葡萄糖结晶的数量密切相关外，还与温度高低、含水量和直接形成蜂蜜化学组分的蜜源花种有密切关系。

1. 蜂蜜结晶与温度的关系

蜂蜜结晶与储存温度关系密切，冬季和初春气温低，蜂蜜中水分子运动减慢，分散葡萄糖分子结合的能力减弱。蜂蜜结晶的最佳温度为13～14℃。若低于此温度，虽然葡萄糖的过饱和程度加大，但由于蜂蜜中果糖、麦芽糖、糊精和胶状体物质等在低温下的黏滞度和密度都大大提高，从而降低和阻碍结晶核的运动和扩散作用，结晶反而迟缓。把蜂蜜储存在很低的温度（-18℃）下，能大大推迟结晶，但不能完全消除结晶。如若高于最佳结晶温度，蜂蜜的黏滞度虽然降低了，但是葡萄糖的溶解度却提高了，从而减少了溶液的过饱和程度，也使结晶变慢，甚至使结晶融化。当温度超过40℃时，结晶的蜂蜜就融化成液体状态。这就解释了为什么夏天蜂蜜不易结晶，而冬季和初春蜂蜜很容易结晶。

2. 蜂蜜的结晶与所含水分密切相关

水分含量高的蜂蜜，其葡萄糖的过饱和程度就低，结晶过程缓慢。不成熟的蜂蜜由于含水量高（一般超过26％），蜂蜜往往不能全部结晶，由于蜂蜜的黏滞变小，结晶的葡萄糖沉到容器底部，其他稀薄的糖液浮在上层，成为液、固两相，即半结晶状态。同一花种的蜂蜜，其含水量低的结晶快，含水量高的结晶慢，甚至不结晶。如油菜蜜，当含水量在23.1％以下时，很快就结晶，形成油脂状；含水量在25％以下时，结晶就缓慢，结晶体就要软些，呈细粒状；含水量在26％～28％时，只能形成半结晶；含水量在30％以上时几乎不结晶。不结晶和半结晶的油菜蜜不能储存，很快就会发酵变质。

3. 含葡萄糖、松三糖、蔗糖较多的蜂蜜

如油菜蜜、棉花蜜、鸭脚木蜜、野坝子蜜以及一些甘露蜜等容易结晶；而含果糖、麦芽糖、糊精和胶体物质较多的蜂蜜，如纯度高的刺槐蜜、枣花蜜、党参蜜等不宜结晶，甚至不结晶。甘露蜜多数含有较多的糊精（果糖、麦芽糖型），这种甘露蜜不易结晶；但有些甘露蜜由于含有较多的松三糖，很容易结晶，蜜蜂把这种甘露蜜采进巢内，在酿造过程中就在巢脾上结晶。松三糖的溶解度比葡萄糖低，具有强结晶的性质。

（十一）蜂蜜的后熟性

当蜂蜜被分离出巢外以后，在酶的继续催化作用下，蔗糖仍然不断地被分解，转化成果糖和葡萄糖，经过一段时间的转化，其理化指标逐渐稳定，直至变化非常微小，这就是蜂蜜的后熟，称之为蜂蜜的后熟性。蜂蜜的后熟性具有以下特点：

第一，刚从蜂巢分离出来的蜂蜜蔗糖含量普遍高于规定标准。据测定，刚分离的刺槐蜜平均含蔗糖一般为10%～12%，椴树蜜为10%～15%，其他品种蜂蜜也有类似情况，很少有符合蜂蜜质量标准中蔗糖含量低于5%的。由此可见，蜂蜜中的蔗糖有一部分在后熟阶段中进一步转化后而达到规定标准。

第二，研究发现，蜂蜜的后熟期大约需要40天，刺槐蜜的后熟期需5～6周，蔗糖的含量才能稳定下来。前期需9～20天，存放9天以后，有的蔗糖含量下降到3.96%，更多的蜂蜜则需20天，蔗糖含量才能下降到5%以下。后期需10～20天，蔗糖的含量才能下降到基本稳定的水平。

第三，蜂蜜后熟期蔗糖含量下降的速度和幅度主要取决于蜂蜜的成熟度。蜜蜂在采集花蜜和酿造过程中，不断地加进了各种活性酶，从而使蜂蜜具备了后熟的特性。一般认为，在同一地区，同一花期生产的蜂蜜，其浓度高的成熟度也高，淀粉酶的活性也强，在后熟期内，蔗糖转化成单糖的时间就短，下降的幅度就大。反之，成熟度差、浓度低的蜂蜜，淀粉酶的活性弱，其蔗糖转化慢，下降幅度就小。有数据表明，当淀粉酶值为25.1时，9天蔗糖含量由10.2%降到3.8%，15天降到2.9%，36天后降到1.6%。当淀粉酶值为12.1时，9天时间蔗糖由9.4%降到6.8%，15天降到6.1%，36天后降到2.5%。

第四，蜂蜜在后熟期淀粉酶活性下降迅速，浓度有所上升，蔗糖被分解转化为果糖和葡萄糖，同时蔗糖转化酶和淀粉酶的活性也相应降低，这是作为酶在催化过程中被消化掉一部分所致。经过后熟期之后的蜂蜜，其内部蔗糖仍然受转化酶的影响，继续发生微小的变化，最终达到平衡状态。同时蔗糖在转化为单糖的过程中，吸收了蜂蜜中的水分子，蜂蜜中的含水量相应降低，浓度有所上升，这就是蜂蜜摇出巢后，在后熟期间波美度升高的原因所在。

（十二）蜂蜜的发酵

蜂蜜中耐糖性酵母菌和其他一些细菌在适宜的条件下大量繁殖，把蜂蜜中的糖分转化为酒精和二氧化碳气体，在氧气充足的条件下，醋酸菌再把酒精分解为醋酸和水的过程，称为蜂蜜的发酵。蜂蜜发酵以后，就失去了原有的滋味，带有酒味、酸味和厌人的腐败味，品质变劣，降低了食用和利用价值。

蜂蜜中含有酵母菌的数量、含水量的高低、有利酵母菌大量繁殖的适宜温度直接影响蜂蜜的发酵。根据对蜂蜜样品的测试结果，当蜂蜜的含水量在 17.1% 以下时，无论菌体含量多少，1 年之内蜂蜜不会发酵；若含水量在 17.1% ~ 18%，每克含 1 000 个以下菌体的蜂蜜，1 年之内不会发酵；若含水量在 18.1% ~ 19%，每克含菌体 10 个以下能够保持 1 年，在这种条件下耐糖性酵母就停止生长繁殖；当含水量超过 20% 时，有利于酵母菌的大量生长繁殖；若含水量超过 33%，酵母菌的繁殖更快。另据报道，蜂蜜发酵的适宜温度为 11 ~ 19℃，在这个温度范围内有利于酵母菌的生长繁殖。但是在更高的温度下，其他种类的细菌、真菌也参与发酵的整个过程，从而加速蜂蜜的发酵，糖分的分解速度加快，变质更快。

取成熟蜜，注意盛蜜容器的卫生，注意蜂蜜的密封储存，在 10 ~ 20℃保持储存室通风、干燥等都是防止蜂蜜发酵的有效措施。如有条件可保持在 5 ~ 10℃的低温下储存，因为低于 10℃时，酵母菌就停止生长，因而能有效地防止蜂蜜的发酵和由储存引起的一系列变化（如色泽变深，酸度升高，淀粉酶活性下降，含水量增加）。对轻度发酵的蜂蜜，可采取隔水加热到62.5℃进行处理，保持30分，杀死酵母菌，终止发酵，然后装桶密封保存。

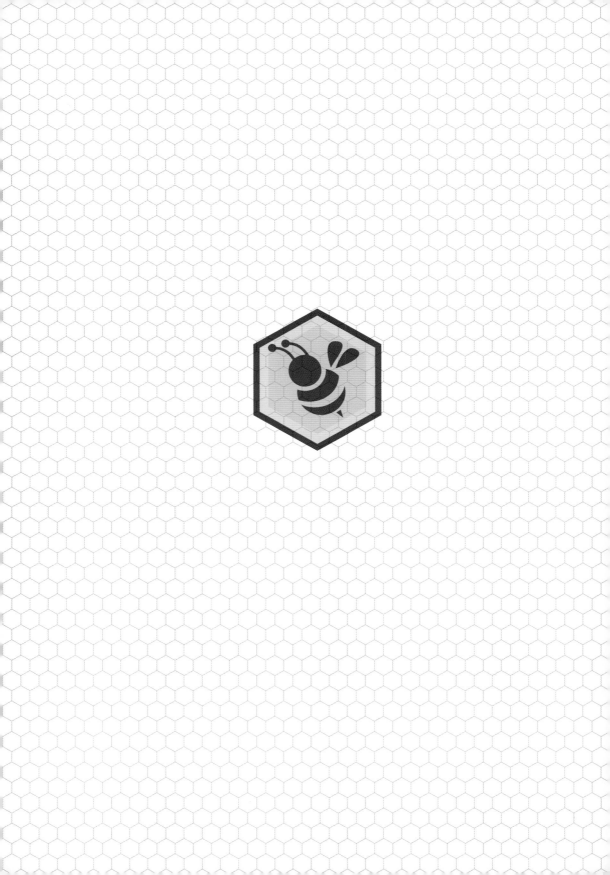

专题四

蜂蜜的种类、质量标准及检测方法

在日常生活中，人们在购买蜂蜜防治疾病或营养保健的时候，由于缺乏对蜂蜜质量的了解，可能会买到一些危害人体健康的伪劣、假冒蜂蜜。因此，人们现在高度关注蜂蜜质量安全。

一、蜂蜜的种类

（一）蜂蜜的分类依据

为了便于人们更好地辨别和掌握蜂蜜的品种、规格、性状、特征及质量优劣，也为了适应消费者对蜂蜜的消费需要，对蜂蜜进行分类是非常必要的，同时分类有利于生产、加工、流通、储存等各项工作的安排。

蜂蜜的种类很多，通常按照蜂蜜的来源、生产方式、物理性状及颜色等进行分类，并加以命名。

1. 根据蜂蜜的来源分类

蜜蜂酿造蜂蜜的原料来源有花蜜、甘露或蜜露。以花蜜作为原料酿造的蜂蜜称为天然蜂蜜，以甘露或蜜露为原料酿造的蜂蜜称为甘露蜜。我国养蜂生产者以追花放蜂方式生产蜂蜜，绝大部分是天然蜂蜜，甘露蜜极少。

在天然蜂蜜中根据是否来自单一蜜源植物，将天然蜂蜜分为单花蜜和混合蜜（百花蜜、杂花蜜）。单花蜜是指蜜蜂采集一种蜜源植物花蜜酿造的蜂蜜，并以蜜源植物的名称而命名，如油菜蜜、刺槐蜜、枣花蜜、紫云英蜜、荆条蜜、椴树蜜、葵花蜜、荞麦蜜等。我国大宗商品单花蜜有30多种。混合蜂蜜是指蜜蜂从2种或2种以上蜜源植物采集的花蜜酿造的蜂蜜。有时在生产过程中，蜜蜂采集酿造的前一种单花蜜储藏在蜂巢内没有被及时取出，接着又采集酿造另一种蜜源植物的花蜜，这样在蜂箱内就混有2种花蜜酿造的蜂蜜，当然无法分开，取出来的蜂蜜也称混合蜜。也有的是在储存或加工中人为地将各种蜂蜜混在一起作为杂花蜜、百花蜜。

2. 按蜂蜜的采收季节分类

根据季节的不同，可以把蜂蜜分为春蜜、夏蜜和迟蜜（指秋、冬两季）。

3. 根据取蜜的方法分类

图 4-1　巢蜜（李建科　摄）

根据取蜜的方法可将蜂蜜分为分离蜜、压榨蜜和巢蜜（图 4-1）。分离蜜又称离心蜜或机蜜、摇蜜，是用摇蜜机从蜜脾中分离出来的蜂蜜，并用滤网过滤得到的。我国饲养的西方蜜蜂全都采用这种方法取蜜。压榨蜜来自土法饲养的中华蜜蜂，不仅蜂蜜的质量差，产量也低，形不成规模生产，靠挤压割下的蜜脾生产蜂蜜，经常有蜜蜂幼虫或蛹的体液混入蜂蜜中。巢蜜也叫脾蜜，是不经分离而连巢带蜜原封不动在蜜脾巢房里的蜂蜜。巢蜜又可分成大块巢蜜、切块巢蜜和格子巢蜜 3 个主要品种。巢蜜在西方国家深受消费者欢迎的原因是巢蜜不易掺假，也无须加工，仍保持原有的天然性，但价格比分离蜜高得多。

4. 根据蜂蜜物理状态分类

蜂蜜在常温常压下呈现两种不同的物理状态，不论是留存在巢脾中，还是从巢脾中分离出来的，液态蜜呈液体状态，结晶蜜呈结晶状态。结晶蜜又可根据结晶颗粒的大小，分为大粒结晶蜜（结晶颗粒在0.5毫米以上）、小粒结晶蜜（结晶颗粒在0.5毫米以下）、油脂状结晶蜜（结晶颗粒很小，看起来似乎是同质的）。

（二）我国蜂蜜的品种和特点

每一种蜜源的蜂蜜，都具有一定的色泽、香气和味道。下面就简单介绍一下我国的主要蜂蜜品种和特点。

1. 油菜蜜

图4-2　油菜花

油菜分布在我国大部分地区，为人工种植的油料作物，别名菜籽、芸薹等，是我国最大宗的蜜源，花期从南到北逐渐推迟，南部1月底开花，东北5月底开花（图4-2）。油菜蜜气味清香带浊，有油菜花香味，有辛辣味，储放日久辣味减轻，味道甜润；呈特浅琥珀色（浅白带浅黄色），略带混浊；

最易结晶，结晶粒特别细腻，呈白色油脂状凝结。

2. 刺槐蜜

图 4-3　刺槐花

刺槐是落叶乔木，主要分布于黄河及长江中下游地区，又名洋槐，每年5月左右开花，花期自南向北推迟（图4-3）。刺槐蜜具有特殊的清香味，酷似槐花香味，味道鲜洁，甜而不腻，口感极好；呈水白色或白色，清澈透明；不易结晶或不结晶，若结晶呈细粒或油脂状，较其他单花蜜的透明感强。刺槐蜜是我国优良蜜种之一，深受广大消费者喜欢。

3. 紫云英蜜

图 4-4　紫云英花

紫云英为一年生草本植物，是一种绿肥作物，花粉红色，又叫红花草子。主要分布于长江流域，黄河以南也有种植，每年3～4月开花，见图4-4。紫云英蜜呈水白色，微显青色；有清香气味，味道鲜洁，甜而不腻；不易结晶，结晶后呈细粒状，乳白而细腻；营养价值极高，是主要出口蜜种，为我国的上等蜂蜜。

4. 苕子蜜

图4-5　苕子花

苕子系豆科草本绿肥作物，又名长柔毛野豌豆、毛叶苕子等。苕子花（图4-5）始花期：云南昭通、四川成都在4月上旬；江苏镇江、安徽蚌埠在5月上、中旬；山东济宁在5月中旬。苕子蜜的颜色、香味均与紫云英蜜相似，略差，为特浅琥珀色，味清香甜润，较易结晶，结晶粒细腻而洁白。

5. 荆条蜜

图 4-6 荆条花

荆条系落叶灌木，在我国分布很广，别名荆子、荆稍子等，有白荆条和红荆条之分，每年 6 ~ 7 月间开花，见图 4-6，花期较长，是我国较大宗的蜜源。白荆条蜜呈特浅琥珀色，气味略带荆花芳香，甜而不腻，不易结晶，结晶粒较细；红荆条蜜呈红琥珀色，气味较浓郁，结晶粒较粗。

6. 棉花蜜

图 4-7 棉花

棉花（图 4-7）系锦葵科一年生栽培作物，在我国分布很广。棉花蜜带有乳酸气息和蔗糖味道，呈浅琥珀色，不成熟的棉花蜜稍有涩口感；极易结晶，结晶粒呈白色粗粒。

7. 枣花蜜

图4-8　枣花

枣树系鼠李科落叶乔木，为人工种植或野生果树，别名红枣、大枣，主要分布于山东、山西、河南、河北、陕西等地，每年5月中旬到6月上旬开花，见图4-8。枣花蜜气味浓香，味道甜腻，具有特殊的浓烈气味，食用时喉有辣感，浅琥珀色，质地浓稠，蜜汁透明；不易结晶，结晶后呈粗粒状。

8. 乌桕蜜

图4-9　乌桕花

乌桕系大戟科落叶乔木。乌桕别名木梓树、木蜡树等,乌桕花见图4-9。乌桕蜜呈琥珀色,气息浓香,甜中略有酸味,回味较重,润喉感较差;储放时间长了色泽略加深;容易结晶,呈粗粒状,色黄而略暗。

9. 荞麦蜜

图4-10 荞麦花

荞麦系蓼科一年生栽培作物,分布广,主要在西北地区,于每年9～11月开花,从南向北推迟,荞麦花见图4-10。荞麦蜜呈深琥珀色(棕红色、暗色),半透明;味甜而腻,回味重,有浓烈的荞麦气味,颇有刺激性;结晶呈粗粒状,结晶后颜色变浅。它是蜂蜜中较次的蜜种。

10. 柑橘蜜

图4-11 柑橘花

柑橘系芸香科，为人工种植的果树，柑橘花见图4-11。由于柑橘属的种类和品种繁多，柑橘蜜的色泽也多种多样，自白色至浅琥珀色，透明感好；味甘甜微酸，鲜洁爽口，有柑橘香味；结晶粒细，呈油脂状凝结。

11. 椴树蜜

图4-12　椴树花

椴树隶属于椴树科，主要为糠椴和紫椴，系落叶乔木，主要分布于黑龙江省和吉林省的大、小兴安岭和长白山山脉，每年7月开花，见图4-12。椴树蜜呈白色至浅琥珀色，透明；甜润爽口，新鲜的蜜带有薄荷的清香味，日久渐消；较易结晶，结晶后呈细腻洁白的油脂状。该蜜是我国蜂蜜中优良品种之一，很多国家对我国椴树蜜情有独钟，是我国一个主要出口蜜种。

12. 荔枝蜜

图4-13　荔枝花

荔枝为无患子科的常绿乔木，为人工种植的果树，主要分布在广东、广西、福建、云南、四川等省、自治区，荔枝花见图4-13。荔枝蜜呈浅琥珀色或略深；气味清香，带有荔枝果酸味和荔枝花香味，味道甜而略有辣感；结晶粒稍粗，色微黄。

13. 龙眼蜜

图4-14　龙眼花

龙眼系无患子科常绿乔木，为人工种植的果树（图4-14）。龙眼别名桂圆，主要分布在广东、广西、福建等地。龙眼蜜呈浅琥珀色；气味浓郁，食味浓甜，有龙眼干的香味，饮用纯正的龙眼蜜就像品尝新鲜龙眼一样；容易结晶，结晶粒细。

14. 柃蜜

图4-15　柃木花

枸木系山茶科常绿灌木。枸木花（图4-15）枸木俗名野桂花、小茶花、黄名柴等，主要分布于湖南、湖北、江西、广东、广西、云南、贵州等省、自治区的山区，每年10月开花，可延至翌年2～3月。枸蜜呈水白色或特浅琥珀色，透明；气息清香，沁人心脾，味道鲜洁甜润，非常爽口；不易结晶，低温易结晶，结晶细腻洁白。枸蜜被称为"蜜中之王"的主要原因是其色香味俱佳，口感极好，蜜质优良，营养丰富，无污染。

15. 薄荷蜜

图4-16　薄荷花

薄荷又名银丹草、蕃荷菜，系唇形科多年生草本植物，薄荷花见图4-16。薄荷蜜呈深琥珀色，味浓香，口感较差。

16. 益母草蜜

图4-17　益母草花

益母草别名益母蒿，系唇形科一年或两年生直立草本植物，益母草花见图 4-17。益母草蜜色浅，味淡，口感较好，冬天仅有轻微结晶。

17. 五倍子蜜

图 4-18　五倍子花

五倍子又名盐肤木，系漆树科灌木或小乔木，五倍子花见图 4-18。五倍子蜜呈墨绿色，味重，回味微苦，结晶粒粗。

18. 山楂蜜

图 4-19　山楂花

山楂系蔷薇科落叶乔木，山楂花见图 4-19。山楂蜜颜色较深，味道酸中有甜，甜酸相宜，结晶疏松。

19. 狼牙刺蜜

图 4-20　狼牙刺花

狼牙刺别名白刺花、黑刺、马蹄针等，系豆科灌木，狼牙刺花见图 4-20。

狼牙刺蜜呈浅琥珀色，味甘甜，芳香；结晶粒细腻，质硬，近似白色。

20. 白香草木樨蜜

图 4-21　白香草木樨花

白香草木樨别名马苜蓿、甜苜蓿、宝贝草等，系豆科一年或两年生草

本植物，白香草木樨花见图 4-21。白香草木樨蜜呈浅琥珀色，浓稠透明；

气味芳香，甜而不腻；结晶粒极细，呈乳白色。

21. 紫苜蓿蜜

图 4-22　紫苜蓿花

　　紫苜蓿为豆科多年生宿根草本植物，紫苜蓿花见图 4-22。紫苜蓿蜜颜色因产地不同，自白色至琥珀色；气息芳香，甜润适口；不易结晶，结晶后呈细粒或油脂状，白色。

22. 桉树蜜

图 4-23　桉树花

　　桉树有多个品种，如大叶桉、小叶桉、蓝桉、柠檬桉等，系桃金娘科常绿乔木，主要分布在广东、广西、福建等地，桉树花见图 4-23。桉树蜜呈深琥珀色，新鲜蜜桉醇味较浓，储放日久渐淡，味甜腻辣喉，稍有咸味，适口性较差，但有较高的药用价值；容易结晶，结晶粒较粗，色暗黄。

23. 柿树蜜

图 4-24　柿树花

柿树系柿树科落叶乔木，柿树花见图 4-24。柿树蜜呈琥珀色，浓度很高，气味芳香。

24. 野坝子蜜

图 4-25　野坝子花

野坝子别名野拔子、皱叶香薷等，系唇形科的草本至亚灌木，野坝子花见图 4-25。新鲜野坝子蜜呈浅琥珀色，具清香气味，极易结晶，有两种结晶状态：一种结晶粒较粗，似砂糖，称为"砂蜜"；另一种结晶细腻，似油脂状，称"油蜜"。结晶洁白质硬，素有"云南硬蜜"之称。

25. 胡枝子蜜

图4-26　胡枝子花

胡枝子别名苕条、杏条等，系豆科落叶灌木，胡枝子花见图4-26。胡枝子蜜呈浅琥珀色；味甘甜爽口，稍有辣味，香气浓郁；不易结晶，长时间低温放置后，结晶洁白细腻，晶粒细小如脂。

26. 鸭脚木蜜

图4-27　鸭脚木花

鸭脚木别名八叶五加、鹅掌柴等，系五加科常绿乔木，鸭脚木花见图4-27。鸭脚木蜜呈浅琥珀色，苦味较浓，贮久逐渐减轻；极易结晶，晶粒粗大，呈乳白色。

27．向日葵蜜

图4-28　向日葵花

向日葵系菊科一年生油料作物，向日葵花见图4-28。向日葵蜜呈浅琥珀色，半透明；有葵花香味，味甜润但不爽口，甜度高；易结晶，晶粒呈细粒或油脂状，浅黄色。

28．芝麻蜜

图4-29　芝麻花

芝麻系胡麻科一年生草本油料作物，芝麻花见图4-29。芝麻蜜呈浅琥珀色，气息淡香，味甜而微酸，结晶后呈乳白色或浅黄色。

29. 枇杷蜜

图4-30 枇杷花

枇杷是蔷薇科枇杷属的多年生常绿果树，枇杷花见图4-30。纯正的枇杷蜜浓稠，色泽很浅，呈特白色；气味清新、芳香，带有独特的与花香一致的杏仁香气；口感滋润，甘美，甜而不腻，具有浓郁的杏仁味；易结晶，结晶后呈洁白色，结晶软绵细腻，呈油脂状凝结。

（三）世界各地特色蜂蜜简介

1. 金合欢蜜

产地：欧洲东部。

性质和味道：清澈，颜色呈淡、浅柔的金黄色。流动性好。它来自很香的花，味道比其他大多数蜂蜜要甜。

应用：根据其味道和稠度可以作为各种菜肴的佐料。

2. 荞麦蜜

产地：中国和美国。

性质和味道：颜色很深，近乎黑色，固态稠度。香味浓，带有泥土气息。常与其他蜂蜜配制成混合蜜。

应用：适宜做圣诞糕点和胡椒蜂蜜饼。

3. 草莓苜蓿蜜

产地：澳大利亚南部。

性质和味道：颜色非常浅，奶白色，固态稠度，因此很难加工。有甜的黄油味道，令人联想到焦糖。

应用：加工前必须先溶解。适宜作为某些糕点的糖料，涂在早餐的小面包上味道特别好。

4. 桉树蜜

产地：澳大利亚等。

性质和味道：清澈，颜色相对深，流动性较好。有独特的干树脂味道和澳大利亚森林新鲜独特的香味。

应用：很适宜作为饮料的糖料。

5. 希腊山地蜜

产地：希腊。

性质和味道：清澈至深褐色，流动性较差。吃起来有很浓的松树味和草味，还带有药的怪味。蜂蜜散发出很浓的地中海区域的花草味。

应用：很难加工，由于香味很特殊，故应当单独食用。

6. 荒原蜜

产地：欧洲北部和东部的荒原沼泽地和稀疏的森林。

性质和味道：金黄的琥珀色带有红色的底色，流动性适中，涂抹性好。甜味适中，略带有苦苦的青草味，还有香香的焦糖味。

应用：用于煎饼、华夫饼干、甜食、冻糕、调味汁和汤，味道都很不错。

7. 加拿大苜蓿蜜

产地：加拿大。

性质和味道：膏状蜂蜜，味浓，奶油白色，如丝绒般柔软，流动性适中，涂抹性好，吃起来有一种柔和的香草味。

应用：适用于水果、水果沙拉、烤香蕉和烧烤的糕点。

8. 栗树蜜

产地：法国的比利牛斯山，意大利北部。

性质和味道：引人注意的淡红色或金黄色，很浓稠。有很浓的栗子香，略带苦味。

应用：适用于烘制糕点。

9. 苜蓿蜜

产地：澳大利亚、英国、新西兰、美国。

性质和味道：清澈，有时呈膏状，柔和的浅琥珀色，很甜，散发出刚割过的草坪的芳香气息。

应用：应用很广泛，适用于各种餐后甜点，例如华夫饼干、油煎饼或是直接涂抹在新鲜的小面包上。

10. 薰衣草蜜

产地：地中海国家，主要是普罗旺斯地区。

性质和味道：柔和的金黄色，稠度中等。吃起来有可口的薰衣草味，比较甜，混有一种轻微的酸涩味。

应用：特别适用于薰衣草饼（一种布丁）和冻糕，但也可用于其他的餐后甜点和饮料。

11. 革木蜜

产地：澳大利亚塔斯马尼亚的海岸。

性质和味道：清澈、琥珀色，稠度中等至稀，有花的香叶和类似香料的味道。

应用：味道很特殊，可以用作餐后甜点和酒类饮料的调味品。

12. 椴树蜜

产地：欧洲东部、美国。

性质和味道：温和的琥珀色，略带绿色，香气浓，味道重。

应用：主要是直接食用，但也适用于烤苹果。它与椴树花茶一起饮用可治疗感冒。

13. 麦芦卡树蜜

产地：新西兰。

性质和味道：清澈，带果酱褐色，稠度浓而黏，与荒原蜜相似，具有单一的药味，略带焦糖苦味。

应用：味道特殊，不宜作为其他食品的糖料。因它含有很强的抗菌作用，故有利于肠胃的健康。

14. 橙子花蜜

产地：以色列、马耳他、墨西哥、西班牙、美国。

性质和味道：清澈、浓香、颜色柔和，稠度为稀至中等。味道较甜，带有浓郁的杏仁和橙子皮香。

应用：适用于所有的水果点心。

15. 油菜蜜

产地：欧洲。

性质和味道：膏状，淡黄白色，稠度很稀，流动性好，具有很甜的且略带奶油的味道。常与其他品种的蜂蜜混合食用。

应用：特别适宜作为汤和调味汁的香料。

16. 迷迭香蜜

产地：地中海区域。

性质和味道：清澈的草花蜜，柔和的金黄色，稠度与荒原蜜相似。容易结晶，味甜并有草香味。

应用：适合加在饮料和甜、辣菜肴中。

17. 向日葵蜜

产地：欧洲。

性质和味道：膏状，鲜黄色。口感好，具甜味、油味。

应用：加在沙拉调味汁和甜、辣蔬菜菜肴中味道很好。

18. 百里香蜜

产地：希腊山地、普罗旺斯地区。

性质和味道：清澈，深琥珀色，稠度中等。吃起来有很浓的草香味，后味略苦。

应用：宜用来治疗感冒，特别是咳嗽，加在沙拉和饮料中味道很好。

19. 紫树蜜

产地：美国佛罗里达州。

性质和味道：清澈，柔和的金黄色，稠度很稀，液态。味很甜，入口有浓郁的花香。

应用：主要用来制作各种甜食、糕点和饮料。

（四）出口蜂蜜的品种

出口蜂蜜品种大体有两类：一类是单一花蜜，如洋槐蜜、紫云英蜜、椴树蜜、荆条蜜、苕子蜜、橘子蜜、苜蓿蜜、向日葵蜜、油菜蜜、荔枝蜜、龙眼蜜、枣花蜜、桂花蜜、荞麦蜜等，最畅销的是洋槐蜜、紫云英蜜、橘子蜜、桂花蜜。另一类是混合蜜（百花蜜）。混合蜜按色泽分级，国际上通常分为特白、白色、特浅、浅琥珀、琥珀、深色蜜等，出口量较多的是特浅、浅琥珀和白色蜜。因蜜源植物不同，蜂蜜各有不同的色、香、味，出口的单一蜂蜜要求品质纯正，有不同的色、香、味，该种花粉含量要占花粉总量的绝大多数。不论是单花蜜还是混合蜜，一般浅色蜜比深色蜜好。

二、蜂蜜的质量标准及检测方法

蜂蜜的质量是检验蜂蜜品质的唯一标准。1890 年意大利政府对蜂蜜的品质曾做过简单的规定，这是人们最早制定的蜂蜜质量标准。20 世纪 60 年代以来，世界各蜂蜜生产国和进口国相继制定了蜂蜜质量标准。我国于

1965 年颁布了《蜂蜜质量标准》（WM 21—65），1982 年做了修订，颁布了《中华人民共和国商业部标准　蜂蜜》（GH 012—82）。

（一）蜂蜜质量的技术指标

1. 感官指标

色泽、香气、滋味、状态、浓度和杂质组成了蜂蜜的主要感官指标。根据蜂蜜的感官指标的差异，将蜂蜜划分为不同的等级是世界上许多国家通用的标准。我国商业部颁布的蜂蜜质量标准中，我国的蜂蜜有三等四级之分，根据蜂蜜的花种、色泽、状态、香气和滋味、杂质等将蜂蜜分成三等，在同一等蜂蜜中又根据蜂蜜的浓度把它分成四个级别。

2. 理化指标

蜂蜜的理化指标主要包括水分、还原糖、蔗糖、灰分、酸度、淀粉酶值、羟甲基糠醛（或费氏反应）、水不溶物的要求，以及其他的特殊要求。

（1）水分　蜂蜜中水分含量与成熟度、香味、酸度关系密切。花蜜酿造成蜂蜜过程中花蜜中的水分会不断蒸发，水分含量越低，蜂蜜的成熟度就越高，香味越浓；水分含量太高会导致蜂蜜发酵变质，发酵的蜂蜜酸度大，易腐蚀金属容器，造成蜂蜜中金属含量的超标。世界上多数国家要求蜂蜜中水分含量不超过 21%，特殊蜜种（如欧洲的石楠蜜、草木樨蜜）和少数国家允许蜂蜜中水分含量最高为 25%。我国和美国允许水分最高含量为 25%，日本要求不超过 23%。

（2）还原糖　葡萄糖和果糖是蜂蜜中的主要还原糖，它们是蜂蜜最主要的成分，由于这两种糖具有还原性，所以称之为还原糖。世界各国都要求蜂蜜中的还原糖不低于65%，特殊蜜种（如欧洲石楠蜜、甘露蜜）中还原糖不低于60%。

（3）蔗糖　花蜜中的蔗糖是经过蜜蜂分泌的转化酶转化不彻底而残留下来的，这样就形成了蔗糖蜂蜜。成熟的蜂蜜一般含蔗糖量为1%～2%，少数蜂蜜高达10%，甚至15%（如罗马尼亚的槐花蜜）。世界上多数国家规定蜂蜜中蔗糖含量不超过8%，我国规定为5%以下。掺假蜜就是蜂蜜中掺入蔗糖导致蔗糖含量超标。

在养蜂生产中应当注意一种掺假蜜的情况，即在头年蜜蜂越冬时喂过多的蔗糖，蜜蜂吃不完，待到来年春天第一次取蜜时，原来的饲料糖就混入蜂蜜里，其蔗糖含量无疑超标。虽然养蜂人是无意的，但同样这种蜂蜜也被视为掺假蜜。养蜂人应在开春生产蜂蜜之前，将巢脾上的冬饲料糖取尽，以免混入蜂蜜中，以确保蜂蜜的质量。

（4）淀粉酶值　1克蜂蜜中所含的淀粉酶在40℃下，1小时内转化1%淀粉溶液的毫升数，就是淀粉酶值。新鲜的蜂蜜其淀粉酶值一般都在8以上，淀粉酶在加工时由于加热温度过高或时间过长会遭受破坏。淀粉酶的活性也会因为储存时间降低，淀粉酶值也会因为蜂蜜掺假而降低。所以，新鲜成熟的纯正天然蜂蜜淀粉酶值肯定高。由于淀粉酶在正常情况下较为稳定，测定方法简单易掌握，因而被世界各国所采用，成为鉴别蜂蜜质量的重要指标之一。国际标准规定淀粉酶值不低于8，我国也一样，但出口淀粉酶值不低于8.3。

山西省农业科学院园艺研究所马丽萍等（1999）研究表明，含水量比较高的蜂蜜储存2～3年后酶值降至6.5以下，不符合出口要求，蜂蜜中的活性物质遭到大量破坏，因此含水量高的蜂蜜不适于长期储存。加工后使水分保持在 17.8% 以下的向日葵蜜储存 8 年仍然基本上可以保持酶值不降低，小茴香蜜储存 7 年，荆条蜜储存 3 年，酶值指标仍保持不变或略有下降。刺槐蜜的酶值变化较大而不规律，储存 2 年其酶值达到 10.9，仍可保证出口要求。这说明含水量较低的高浓度蜂蜜淀粉酶值比较稳定，具有较好的耐贮性。

（5）酸度　中和 100 克蜂蜜试样加入 1 摩尔／升氢氧化钠的毫升数，我们称之为酸度。它是衡量蜂蜜的重要指标之一。蜂蜜不成熟含水量过高，导致酸度过大，在适宜蜂蜜中的耐糖酵母生长发育的条件下，使己糖变成酒精和二氧化碳，在有氧的情况下，醋酸菌将酒精变成醋酸和水，加大蜂蜜的酸度。我国规定，蜂蜜的酸度应在 4 以下。

（6）羟甲基糠醛（或费氏反应）　羟甲基糠醛（简称 HMF）在新鲜的蜂蜜中含量一般不超过 10 毫克／千克。但是蜂蜜本身呈酸性，在加热或长期储存的环境下，蜂蜜中的还原糖会脱去氢生成羟甲基糠醛，同样在掺入人工转化糖时，也会导致羟甲基糠醛含量增加，1 年以上的储存期或热加工过度后其含量通常会超过 30 ～ 40 毫克／千克，储存和热加工不恰当甚至会超过 1 000 毫克／千克。世界卫生组织规定蜂蜜中羟甲基糠醛含量不超过 40 毫克／千克，因为高温处理、储存时间过长或其他一些不良因素会导致这个数据过高。

我国商业部制定的蜂蜜质量标准中是用定性反应结果来表示，而没有用定量值来表示，判断蜂蜜受热过度和掺入人工转化糖与否的重要质量指标，即费氏反应为负，如果是正反应表示羟甲基糠醛已超标。蜂蜜中的羟甲基糠醛含量可以反映蜂蜜的新鲜度。

（7）灰分　蜂蜜中矿物质含量，我们称之为灰分，深色蜂蜜其灰分含量较浅色蜂蜜高。灰分是衡量重金属是否超标的重要指标，世界许多国家规定蜂蜜中的灰分含量不超过0.6%，最高不超过1%。

（8）水不溶物　蜂蜜中细小的不溶于水的蜡屑等称为水不溶物，透明度高的蜂蜜其商品性好，许多国家如美国以透明度作为划分蜂蜜等级的主要依据，透明度越好，等级就越高。水不溶物的多少是影响蜂蜜透明度的重要因素之一。一般规定分离蜜（机蜜）水不溶物含量不大于0.1%，压榨蜜不大于0.5%。

（9）其他　在理化指标中，除上述指标外，世界各国根据本国的具体情况提出不同的要求。如我国规定蜂蜜不允许有发酵状，不允许掺入可溶性物质。国际蜂蜜标准（草案）中规定不准使用食品添加剂，不应发酵起泡。欧洲经济共同体规定不准使用食品添加剂。拉美21个国家规定蜂蜜中含糊精8%以下，隆德氏反应应为0.6毫升以上的沉淀物，旋光度为左旋。日本规定淀粉糊精反应呈阴性。墨西哥规定蜂蜜的偏光度为−20°～2°。

3. 卫生指标

世界各国都参照本国食品卫生条例制定蜂蜜卫生指标。我国在制定了蜂蜜的部分标准后，国家技术监督局又发布了蜂蜜的卫生标准，标准号为GB 14963—94，卫生要求是：

（1）感官指标　蜂蜜在常温下呈透明或半透明黏稠状液体，较低温度下可出现结晶，具蜜源植物特有的色、香、味，无涩、麻、辛辣等异味。天然蜂蜜经加工后，无死蜂、幼虫及其他杂质。

（2）理化指标

铅（毫克／千克，以铅计）≤1；

锌（毫克／千克，以锌计）≤25。

（3）微生物指标

菌落总数（个／克）≤1 000；

大肠菌群（个/100克）≤30；

致病菌不得检出；

霉菌总数（个／克）≤200。

1998年批准的《中华人民共和国供销合作行业标准——预包装食用蜂蜜》（GH/T 1001—1998）的卫生要求中增加了对四环素族抗生素残留量指标要求小于0.05毫克／千克。

（二）蜂蜜质量的简易鉴别方法

在日常生活中，人们常购买蜂蜜防治疾病或营养保健，但由于对蜂蜜质量缺乏了解，往往购买到一些伪劣、假冒的蜂蜜，危及人体健康。为了使人们能够掌握鉴别蜂蜜质量的知识，下面介绍一些简易的鉴别方法。

一看：看色泽、看结晶、看杂质、看挂壁（图4-31）。

鉴别品质优劣的重要依据是蜂蜜的色泽，颜色不一，以颜色浅淡、光亮透明、呈黏稠状、无杂质为纯正蜂蜜。鉴别时可将蜂蜜放入试管中（家庭可用小瓷碗或玻璃杯），凡是呈特浅琥珀色，光泽油亮，透明度好，晃动试管时蜂蜜颤动小，停止晃动后，挂在试管壁上的蜂蜜液缓缓流下的是品质较好的蜂蜜。凡是黑红色或暗褐色，光泽暗淡、混浊的为劣质蜂蜜。

蜂蜜液黏稠而透明，但掺入白糖和化学染料的蜂蜜光亮度差，颜色特别鲜艳。

图 4-31 优质蜂蜜状态

二闻：主要是对香气的鉴别。

每一种蜂蜜都有自己的香味。蜂蜜的气味有宜人的芳香、清香，如刺槐蜜、紫云英蜜、荆条蜜；也有醉人的馥香，如野菊花蜜；还有淡淡的浅香，如油菜蜜、草木樨蜜；更有令人讨厌的刺鼻臭味，如荞麦蜜。发酵的蜜有酸味、酒味；放置时间过久的蜜有陈腐味，无清香味；如掺入白糖、饴糖或淀粉，便失去花蜜特有的香气。

三尝：主要是对味道的鉴别。

"蜜有蜜味，糖有糖味。"纯正蜂蜜口感绵润清爽，柔和细腻，喉感略带麻辣，后味长，味甜、浓，有蜂蜜特有的香味。掺糖的蜜虽有甜味，但香味差，后味短，且有蔗糖味；掺入糖精，后味较长，但带有苦味；掺入食盐，则咸味明显；掺入淀粉，味平淡，甜味下降，香味减弱；掺入尿素，则出现氨水的气味；发酵变质蜜，有酸味等异味。

四捻：判断液态蜜和稠度以及结晶蜜的真伪可以用手指捻。

取少许蜜样置于拇指与食指间搓捻，任何蜂蜜的结晶都有绵软细腻之感，并很快搓化结晶粒，无坚硬如沙砾样感觉；手感粗糙，结晶粒难以搓化，有明显的坚硬如沙砾样感觉的则是掺糖的"结晶蜜"。

五滴：将蜂蜜滴在毛边纸或宣纸上，以测含水量和稠度。

优质蜂蜜含水量低，滴在纸上凝结成珠不会很快浸透扩散；而掺有蔗糖和水的蜂蜜在纸上呈点滴状，且会很快散开，出现明显的水圈。

六拉：用小汤勺搅起一些蜂蜜向外拉伸，真蜜通常可以拉出细而透亮的"蜜线"，而且线断后会自动回缩并且呈现球状。

七查：主要查杂质。

取少量蜂蜜放入试管，加 5 ～ 6 倍蒸馏水稀释溶解，静置 12 ～ 24 小时后观察，如无沉淀，则为纯正蜂蜜；有沉淀物则证明混入了杂质。

（三）掺假蜂蜜的检测

长期以来，蜂蜜就存在某些掺假使杂，如掺入白糖、转化糖、淀粉、食盐、糊精、明矾等。工业作坊的造假工艺不断改进，假蜂蜜在外观上与纯正蜂蜜并无二致。现将几种常见的掺假蜂蜜的检测方法介绍如下。

1. 掺假蜂蜜的定性检测

取 200 克试样蜜置小烧杯中，加入 20 毫升蒸馏水溶解，取 10 毫升置于试管中，加入 5 毫升乙醚混匀，将乙醚层倾入另一试管中，取 1 ～ 2 毫升乙醚层液，滴入 3 ～ 4 滴间苯二酚盐酸溶液，摇匀，在 1 分内出现樱桃红色，即为掺假蜜。

2. 蜂蜜中掺入淀粉的检测

掺有淀粉的蜂蜜用手捻感觉滑而不黏，用口尝清淡无味，可通过滴加碘液做显色反应测试。称取蜂蜜试样 1 克于试管中，加入 10 毫升蒸馏水，振荡溶解，加热至沸点，然后冷却至室温，加入 0.1 摩尔／升碘液 1～2 滴，若试液变为蓝色，证明蜂蜜中掺有淀粉。当蜂蜜中掺入淀粉的浓度大于 0.5％时，有明显的深蓝色；当掺入浓度为 0.1％时，为蓝棕色；当掺入浓度低于 0.05％时，显色不明显。

3. 蜂蜜中掺入饴糖的检测

饴糖又称糖稀，掺入饴糖的蜂蜜光泽淡、透明度差、蜜液混浊、蜜味淡。掺入饴糖的蜂蜜可用乙醇（酒精）测试：取蜜液 2 克加入等量净水摇匀，注入 10 毫升 95％浓度的酒精，如出现乳白色絮状物质，则证明蜜中掺有饴糖，其原理是饴糖中的糊精在酒精中不易溶解。若略生混浊，无白色絮状物发生者，方为纯正蜜。

4. 蜂蜜中化肥残留的检测

称取蜂蜜试样 1 克放入试管中，加蒸馏水 5 毫升，再加入 10％的氢氧化钠溶液 1 毫升，振荡，用棉花塞塞住试管口，注意不要塞得太紧，在棉花上放一块浸湿的石蕊试纸，进行加热，若石蕊试纸变蓝，则证明掺有化肥类物质。若试纸不变色，则证明没有化肥。当蜂蜜中化肥浓度大于 0.05％时，试纸上显蓝色；残留浓度低于 0.01％时，试纸上蓝色不明显。

5. 蜂蜜中掺明矾的检测

明矾也叫白矾，是含结晶水的硫酸钾复盐，为无色透明的结晶体。掺入明矾的蜂蜜，蜜液澄清，透明度高，细心品尝有涩味。检测的方法：在试管中倒入2克蜜样，用等量的蒸馏水稀释摇匀，再滴入20%的氯化钡溶液3～4滴，如果有白色沉淀产生，表明掺有明矾。当蜂蜜中掺入明矾浓度大于0.05%时，有明显的白色沉淀；掺入浓度低于0.01%时，白色沉淀不明显。

6. 蜂蜜中掺琼脂物质的检测

琼脂属多糖类物质，它与蜂蜜混合后可增加蜂蜜的表面张力，提高浓度。检测可参照检测淀粉的方法进行。

7. 蜂蜜中掺入增稠剂的检测

有些人为了增加蜂蜜的浓度，于是在低浓度的蜂蜜中混入增稠剂（果胶、羟甲基纤维素等）。识别这种蜜的方法是：把蜂蜜取出放在手心，若无黏稠感或黏稠感较小，则证明掺有果胶。在掺入增稠剂的蜜桶中，插入木棍，提出木棍时会出现上部有蜜团块，蜜汁向下流淌时不成直线拔丝，而呈滴状，滴的速度尤其缓慢。这样的蜜放置一段时间后，上层蜜较清，而下层蜜却是较黏稠的物质。用手持测糖仪测定时，会出现一段模糊不清的区段。

（四）蜂蜜的保存

蜂蜜是季节性生产的产品，因此，对销售者和消费者来说，做好蜂蜜的保存工作非常重要。

由于蜂蜜为呈酸性的液体，具有酸蚀金属的特点，接触铅、锌、铁等金属会产生化学反应，导致蜂蜜含金属超标。因此，收购者和经营者在储存蜂蜜时，要用符合食品卫生要求的非金属容器，如陶器、木桶、瓦缸、塑料桶或内层涂有食用涂料的蜂蜜专用桶来存放蜂蜜。容器使用前必须洗净、晾干，如发现有裂损不可使用。为了更好地保存蜂蜜，蜂蜜盛装不可过满，以容器的80%左右为宜，以防渗溢或受热后膨胀爆裂。各种容器包装均应封严口或箍紧桶箍，一定要注意封闭严密。也可在地下挖贮蜜池来储存，蜜池的四壁用不锈钢板做支托。

　　家庭保存蜂蜜，蜂蜜应用干净的、符合食品卫生要求的广口瓶盛装存放，装蜜量以容器的80%为宜，盖好瓶盖，放置于阴凉、通风、干燥处保存。注意蜂蜜易发酵和在低温时容易结晶的特性。

专题五
蜂蜜的作用及临床应用

　　俗话说："良药苦口利于病。"但是良药未必都苦口，蜂蜜就是既香甜又美味的良药。古往今来，蜂蜜的众多营养和药用价值逐渐被发掘出来，并且人们在长期的实践中发现和总结出很多蜂蜜使用的方法。

一、蜂蜜的作用

蜂蜜被誉为"大自然中最完美的营养品"，有着相当广泛的应用。从远古时代起，人类就已经懂得蜂蜜的各种用途，把它广泛应用于医学、美食、美容等方面。下面就从基础研究和临床试验的角度来阐述蜂蜜的作用。

（一）抗菌作用

蜂蜜具有一定的抗菌作用，由于蜂蜜具有高渗作用，而且 pH 较低，再加上蜂蜜中的一些化学成分，天然成熟蜂蜜在室温下密封好放置数年，甚至长时间存放也不会腐败变质，因此，蜂蜜被称为是世界上唯一不会腐败的食品。这一事实早就引起人们的注意，一些古老的民族，例如斯里兰卡、希腊和罗马人，都曾用蜂蜜腌渍肉类等食品，不但能防腐，而且能保持食品的美味。

据记载，人类很早就发现蜂蜜有很强的抗菌、抑菌作用。斯巴达的亚吉西波里斯、亚吉西劳斯两个国王及犹太国王亚理斯多布拉斯等的尸体是被浸在蜂蜜中处理的。远在 12 世纪，阿拉伯的一位医师和旅行家在一个金字塔里，发现在一容器里有一具用蜜保存很好的婴儿尸体。1913 年，美国考古学家在埃及金字塔内挖掘出 3 300 年前的迄今最古老的瓦瓮，里边埋藏着许多蜂蜜，丝毫没有变质，至今仍可食用。

我国学者王尔义、王华杰等（1995）试验证明，未经过加热处理的生蜂蜜具有明显杀灭化脓性金黄色葡萄球菌、乙型溶血性链球菌、绿脓杆菌、部分大肠杆菌的作用。蜂蜜抑菌和杀菌功能随蜜液浓度而变化，低浓度具有抑菌作用，高浓度具有杀菌作用。梁权等（1996）临床将原蜜液用营养汤稀释成浓度分别为80%、60%、40%、20%和10%的蜜液，观察不同浓度蜜液对102例患者所感染的各种细菌（其中表皮葡萄球菌20例，金黄色葡萄球菌3例，大肠杆菌21例，绿脓杆菌15例，变形杆菌8例，肺炎古雷伯菌6例，痢疾杆菌10例，伤寒、副伤寒杆菌8例，链球菌9例，霉菌2例）的抗菌抑制作用。结果蜂蜜浓度在40%时，大部分细菌已被抑制；浓度在60%时，化脓性球菌和链球菌经24小时培养后移种观察无1例生存，肠道杆菌大部分标本菌种被抑制，仅6例仍有极少数细菌生存；在80%浓度或原蜜液中，试验菌无1例生存。

从20世纪初，各国学者在蜂蜜的抗菌活性方面进行了广泛的研究，证明蜂蜜对产碱杆菌属、杆菌属、古雷白杆菌属、细球菌属、萘瑟菌属、变形杆菌属、假单胞菌属、沙门菌属、志贺菌属、葡萄球菌属、链球菌属中的60多种细菌以及7种真菌有抑菌性；蜂蜜对其中的炭疽杆菌、短小芽孢杆菌、白喉棒状杆菌、大肠杆菌、肺炎杆菌、结核分枝杆菌、普通变形杆菌、肠炎沙门菌、伤寒沙门菌、痢疾志贺菌、金黄色葡萄球菌、酿脓链球菌、白色念珠菌等有杀菌活性。新西兰怀卡托大学莫兰等人综合了百余篇研究报告，制成了蜂蜜抗菌活性表，表中也列出了对某种微生物表现抗菌作用的蜂蜜最低浓度。

研究表明，蜂蜜的抗菌作用持续时间很长，即使储存1年的蜂蜜其抗菌力并不减弱。但是，当温度过高时，因蜂蜜产生了化学变化，其抗菌力明显降低，如温度为80℃时，保持0.5～1小时，可使蜂蜜的抗菌力下降50%。放置在黑暗的地方，当温度不超过25℃时，温度的变化并不影响其抗菌力，且与蜂蜜的颜色和稠度也没有关系。实验证明，pH对其抗菌力也有很大影响，在酸性条件下，虽然加热也不易使其抗菌力减弱，但在中性条件下，一经加热，其抗菌力就完全消失。

现代科学对这一问题已经有了较深的认识，将蜂蜜的抗菌机制归纳起来有如下几个方面：

1. 蜂蜜的高渗透作用

蜂蜜的主要成分是糖类，所以蜂蜜的实质是含糖的饱和甚至过饱和的溶液，糖类占总重量的75%以上，水分含量通常占蜂蜜量的17%～22%，糖分子和水分子相互作用，只留下极少量的游离水可供微生物利用。而且这么高的糖浓度，使之具有很高的渗透特性（吸水性）。据测定，革兰阳性菌的渗透压为2 026千帕，革兰阴性菌也有506～1 013千帕，而蜂蜜的渗透压高达10 000千帕以上，这足以使细菌大量脱水死亡。水活度（aw，即天然环境中微生物可实际利用的自由水或游离水的含量）比渗透压更具有生理意义，成熟蜂蜜的含水量常温下仅有17.6%，其aw值约为0.63，几乎所有的细菌（嗜盐菌除外）生长繁殖所需的aw范围为0.90～0.98。天然成熟蜂蜜中的水分大多以结合水的形式存在，很少有细菌可利用的自由水。所以引起伤口感染的细菌，不但不能从蜂蜜中吸取水分，反而会被高糖度的蜂蜜脱水，最终导致死亡。因此大部分种类的细菌在蜂蜜里会受到完全的抑制，这就是蜂蜜为何能治疗感染的原因之一。

美国学者莫兰（1992）用天然蜂蜜和人工蜜（糖分比例与天然蜂蜜相同的过饱和糖溶液）做了一个对比研究，发现人工蜜的抗菌活性远不如天然蜂蜜，这表明蜂蜜的酸度及来自蜜蜂和植物花蜜中的抗菌因素，即蜂蜜的抗菌作用除高渗透作用外，还有其他的抗菌因素。

2. 蜂蜜的酸度

天然蜂蜜是酸性的，pH 在 3.2 ~ 4.5，而大多数细菌所要求的最适 pH 为 6.5 ~ 8.0。如引起伤口感染的金黄色葡萄球菌最适 pH 为 7.0 ~ 7.5，因此，蜂蜜的 pH 不适于细菌的生长繁殖。引起蜂蜜酸性的原因是蜂蜜中含有柠檬酸、苹果酸、酒石酸、乳酸、草酸、琥珀酸、苯甲酸、醋酸等有机酸。

3. 源于蜂蜜的抗菌因素

蜂蜜中含有具有抗菌作用的唾液腺、蜜腺分泌的某些酶，主要是溶菌酶和葡萄糖氧化酶。

（1）溶菌酶　默林和梅斯纳（1968）指出，蜂蜜中的抗菌物质也有溶菌酶。溶菌酶是蜂蜜的非特异性免疫因素，主要作用于革兰阳性菌，使其细胞壁的主要成分——肽聚糖中的 β–1，4 糖苷键断裂，造成细胞壁破裂，导致细菌死亡，是一种碱性低分子蛋白质。溶菌酶在酸性环境中耐热，在光的作用下会失去活性。经实验证明，溶菌酶来自蜜蜂的蜜囊和唾液腺分泌物。

（2）葡萄糖氧化酶　许多学者认为，杀死细菌及真菌的主要成分是蜂蜜中的葡萄糖氧化酶，它将蜂蜜中的葡萄糖氧化为葡萄糖酸和过氧化氢（过氧化氢水溶液在医学上常称为双氧水，具有很强的杀菌力）。研究表明，过氧化氢不稳定，分解时产生氧化性很强的游离基，使细菌细胞中酶蛋白上的巯基（–SH）氧化失去活性，表现出杀菌效果。

抑菌效果取决于葡萄糖氧化酶的含量和活性，如果葡萄糖氧化酶受到破坏，就会降低过氧化氢的产生和聚集，致使蜂蜜的抗菌作用降低。研究发现，在室温储存 6 ~ 12 个月的蜂蜜中，酶的活性减小。酶变性在 0℃时最小，15℃时较多，25℃时最大。将蜂蜜加热到 50 ~ 80℃，酶活性的降低程度，依加热温度和加热时间的不同而不同。在 50℃时酶的灭活最低，在 65℃时灭活的程度增加，即使在 5 ~ 25 分内，所有的酶都会明显地变性。此外，阳光、热都会破坏蜂蜜中的葡萄糖氧化酶，导致过氧化氢的聚集降低。蜂蜜经过巴氏消毒加热以及在光照下葡萄糖氧化酶的活性就会丧失。研究还发现，当 pH 为 3 时，氧化酶活性最强；pH 在 7 以上时，活性便丧失。据怀特（1962）分析，蜂蜜的 pH 为 3.91。

4. 源于蜜源植物的抗菌因素

蜂蜜是植物花分泌的蜜汁，因此带有某些植物杀菌物质，主要有：

（1）黄酮类化合物　黄酮类化合物是源于蜜源植物的植物杀菌剂，蜂蜜中含有黄酮类化合物 10 多种。大量的研究结果表明，黄酮类化合物的功能是抗菌、抗病毒、抗真菌、抑制肿瘤。在蜂蜜中发现的如槲皮素、木樨草素、芹菜素、鼠李素、松属素、短叶松素、高良姜精、柯因等物质中都含有具抗菌作用的黄酮类化合物。

（2）挥发性物质　莫尔斯（1986）测定了匈牙利生产的刺槐蜜、椴树蜜、板栗蜜、一枝黄花蜜和一种杂花蜜的挥发性成分，发现椴树蜜的含量最高（0.24%），一枝黄花蜜的含量最低（0.1%）。他用气相色谱仪测出了蜂蜜中41种挥发性成分，并指出这些挥发性成分对革兰阴性菌如肺炎杆菌、大肠杆菌和白色念珠菌有明显的抑制作用。托特（1987）也发现蜂蜜中挥发性成分对革兰阴性芽孢杆菌和白色念珠菌的生长有明显的抑制作用，这些挥发性物质含量在0.12%～0.26%，已鉴定出蒎烯、莰烯、苎烯、桉叶油、芳樟醇、苯甲酸、法尼醇和二十烷等挥发成分。

（3）其他抗菌成分　科研工作者还发现有些蜂蜜含有特殊的抗菌成分。拉塞尔等（1983）发现蜂蜜中的抗菌成分是甲基-3，4，5-三甲氧基苯甲酸盐、甲基-4-羟基-3，5-二甲氧基苯甲酸盐和3，4，5-三甲氨基苯甲酸。新西兰一种最普通的蜜源植物麦卢卡树所酿制的蜂蜜含有3，5-二甲氧基-4-羟基苯甲酸（丁香酸）、3，5-二甲氧基-4-羟基苯甲酸甲酯、3，4，5-三甲基苯甲酸以及2-羟基-3-苯丙酸，这些成分不仅对引起脓肿、败血症等的金黄色葡萄球菌有明显的抗菌活性，而且对引起胃溃疡的幽门螺旋杆菌有特效。因此，现在新西兰已将麦卢卡蜂蜜用来治疗胃溃疡。

不同的蜂蜜品种，其抗菌物质的种类、含量及抗菌效果有差异。因为各种蜂蜜的植物来源不同，所含抗菌物质各不相同，而且它们的抗菌活性受热、光以及储存时间等条件的影响。所以，应采用新鲜的、未经加热的成熟蜂蜜作为医疗保健用。

（二）抗氧化作用

通过对蜂蜜进行化学分析，美国伊利诺斯州立大学的昆虫学家布林伯教授发现，蜂蜜中含有数量惊人的、能清除人体内的"垃圾"的抗氧化剂。研究表明，不同花蜜酿制的蜂蜜抗氧化能力不同。

蜂蜜中含有非常丰富的抗氧化物，它可以保护皮肤水分，加速衰老表皮脱落，促进细胞再生，因此蜂蜜也可用来生产高级护肤品的主要成分——水杨酸。蜂蜜也可以保护皮肤细胞免受伤害，现在许多化妆品公司已经将蜂蜜加入护肤品中，尤其是在防晒霜中使用较多。许多专家表示，如果研究证明蜂蜜既能作为抗氧化剂，又能作为水分保持剂，那么化妆品工业对蜂蜜的需求将会大大增加。研究表明，蜂蜜中含有具有抗氧化性的维生素C、维生素E、黄酮及酚类物质、超氧化物歧化酶等物质。目前尚未能对蜂蜜所有的抗氧化物成分进行鉴定分析，但是研究表明，花蜜中含有的黄酮——一种由植物颜料及甜味剂组成的抗氧化类物质，可能是评价蜂蜜抗氧化能力的主要指标。

（三）促进儿童生长发育

蜂蜜能满足儿童喜欢吃甜食的需求。蜂蜜中不仅含有丰富的营养物质，而且还含有丰富的能量，它比白糖和牛奶等食物更能满足其生长发育的需要。早在 2 400 年前，希腊人用蜂蜜哺育幼儿，对促进幼儿身体发育、增强其抗病力等有详细的记载，后来此法传播到罗马各地，被广泛使用。蜂蜜内含有铁和铜的成分，铁质是血液血红素构成的重要成分，血红素因含铁质，所以能携带氧至全身各部分组织细胞，进行呼吸代谢作用。由于蜂蜜含丰富的铁质，还能增强婴儿造血功能。蜂蜜中所含的铁和叶酸可以预防和纠正儿童的贫血。

有人做过实验，让两个儿童，一个食用含蜂蜜的食物，一个不食用。1 个月后测出，食用蜂蜜的儿童，血红蛋白含量增加 13%，而没有食用的只增加了 4%。现代研究证明，儿童常食蜂蜜，有助于发育，牙齿和骨骼会长得快而坚实，并可增强对疾病的抵抗力。东京大学的托摩武人教授做过规模很大的临床试验，结果表明喂蜂蜜的幼儿与喂砂糖的幼儿相比，其体重、体高、胸围和皮下脂肪增加较快，皮肤较光泽，并且较少患痢疾、支气管炎、结膜炎和口腔炎等疾病。托摩武人教授指出，乳酸菌能抑制肠内赤痢菌等有害细菌的繁殖，蜂蜜能促进幼儿肠内乳酸菌的繁殖，从而减少痢疾的发病率。

在第 16 次国际养蜂会议上，意大利波罗那大学临床儿科的普罗斯佩里博士的研究报告指出，他曾用蜂蜜治疗包括 8 名早产儿在内的 42 名 7 岁以下虚弱儿童，结果确定蜂蜜对于营养失调的儿童有效，其抗病力也显著增强。同时在血液检查中发现，经常服用蜂蜜的儿童，红细胞的数目增加，蛋白尿或血红素尿的情况都趋于正常，贫血也得以治疗。

研究表明，儿童的消化系统尚不健全，有些物质不能直接利用，食用蜂蜜有利于促进消化系统的健全。蜂蜜中含有大量的葡萄糖和果糖，它们都是单糖，能直接吸收利用，产生大量的热量，为机体的生命运动提供能量；蜂蜜中的钙质可促进婴儿骨骼和牙齿发育，常食蜂蜜的婴儿，体内可保留更多钙质，可以补充奶粉中钙质的不足；蜂蜜内含有少量有机酸，能促进儿童的食欲；蜂蜜有很强的杀菌作用，经常吃奶粉的婴儿，对细菌的抵抗力较差，因此胃肠容易发生毛病，如奶粉内添加蜂蜜后，可以增加抵抗力，便能放心喂养，不必担心细菌侵袭发病的危险。经常食用蔗糖的儿童，口腔中会有残余的糖分，经细菌发酵，产生酸类物质，腐蚀牙齿表面的釉质，形成龋齿。而吃蜂蜜就不会有这种现象，因为蜂蜜中有过氧化氢和蚁酸，具有很强的杀菌能力，有净化口腔、保护牙齿的作用。

（四）通便

蜂蜜具有很好的润肠作用，因此可用于治疗便秘。蜂蜜对结肠炎、习惯性便秘、老人和孕妇便秘都有疗效，每天早、晚空腹服用蜂蜜，可调节胃肠功能。

蜂蜜中的乙酰胆碱进入体内后会对副交感神经发生作用，这就是蜂蜜通便的机理。其促进胃肠蠕动，还与益生菌作用有关。花蜜经蜜蜂酿制就成了蜂蜜，由于成熟蜂蜜黏稠，一些益生菌均停止了活动，但并未死亡，当条件适宜时，益生菌就会被激活。稀释过的蜂蜜，又进入胃肠（温度环境为 36 ~ 37℃，通气，避光），蜂蜜中的益生菌被激活，开始活跃，合并并释放各种转化酶，分解各种食物，同时促进胃肠蠕动，使人们恢复正常的新陈代谢，达到顺利排泄的作用。

（五）抗衰老

蜂蜜有良好的抗衰老功能，是一种纯天然营养食品，经常食用蜂蜜能强身健体，延缓衰老。具有光辉灿烂文化的民族和国家，都有蜂蜜促进人类健康的详细记载。特别是很多知名的科学家在谈及自己长寿的秘诀时，经常提到蜂蜜。古希腊的伟大思想家、医生希波克拉底在他的医学实践中，把蜂蜜作为防治多种疾病的药物，他说："蜂蜜和食物一起食用（如蜂蜜与牛奶或稀粥同服）可滋补和促进健康。"他本人也经常食用蜂蜜，活到107 岁高龄。现代原子理论的创始人、著名的科学家德谟克利特，活到90

多岁，生平常以蜂蜜伴食。据说，他在临终时，恰好遇到一个节日，亲人都希望他暂时不要离去。他叫亲人将一桶蜂蜜摆在他的床前，让他能闻到蜂蜜的芳香，老人依靠蜂蜜的芳香气味，居然寿命又延长了几天。节日过后，老人叫亲人搬走蜂蜜桶，他才安然地离开人世。生前，有人曾向他求教养生之道，他说："应多食蜂蜜和用油膏擦皮肤。"

近年来通过动物实验和临床验证，认为"松果体"是调节人体机能的关键因素，松果体能维持体内其他激素的正常水平和调节它们的正常循环。松果体又是神经内分泌的换能器官，一旦受到蜂蜜的刺激，就能迅速分泌激素，调节机体的生理活动。众所周知，人体的新陈代谢、肝脏、肾脏、心脏、血压和自主神经系统都受激素的控制和调节，也就是说蜂蜜间接地控制了人体的内分泌系统、热能系统、免疫系统，又能抗脂质过氧化、减轻人体的应激反应。这些系统和反应相互配合，共同维持人体中环境的稳定，从而达到健康长寿的目的，这就是蜂蜜长寿的作用机理。

研究表明，蜂蜜间接刺激松果体使其分泌激素等，就能起到延缓衰老、恢复青春的作用，老年人的松果体逐渐老化，所以分泌器官功能逐渐减弱，激素的分泌也愈来愈少。这已从动物实验中得到证实。皮尔鲍利博士的著名实验表明蜂蜜的奇迹，他取10只幼小大鼠和10只老龄大鼠用显微外科手术将其松果体进行交换移植，即将幼小大鼠的松果体移植到老龄大鼠的脑中，将老龄大鼠的松果体移植到幼小大鼠的脑中，结果发现：10只幼年大鼠和上述不服蜂蜜的老龄大鼠一样，出现衰老症状，通过解剖发现幼年大鼠在移植了老龄大鼠的松果体后，其胸腺（一个相当重要的免疫器官）完全退化，免疫功能低。而被移植了幼龄大鼠松果体的老龄大鼠则"返老还童"。这就是"松果体＋蜂蜜＝延年益寿"最有力的科学证明。

糖分是蜂蜜中抗衰老作用的主要成分，当然，蜂蜜能延年益寿，蜂蜜多糖的作用非常重要，更与它特有的成分及独特的医疗保健作用是分不开的。蜂蜜所含大量葡萄糖、果糖以及它们的聚合物——蜂蜜多糖，能增强机体免疫功能和抗疾病、抗衰老；所含抗氧化物质，能清除人体内"垃圾"——氧自由基，达到抗癌、防衰老的目的；蜂蜜所含酶类、蔗糖酶、淀粉酶、葡萄糖转化酶、过氧化氢酶等，对老年人特别适宜，能够增加食欲和促进消化；蜂蜜中含有的乙酰胆碱和大量的胆碱，有增加食欲和保护大脑的功能，能增强记忆力和防止老年性痴呆；蜂蜜中含有维生素 B_1、维生素 B_2、维生素 B_6、维生素 C、叶酸和烟酸等多种维生素，具有增强人体免疫功能、防止心血管疾病发生的作用，每天食蜂蜜 25 ~ 50 克，不但可以改善体质，而且还可以改变血液的组成，提高血色素，治疗贫血，预防心血管病的发生；蜂蜜还可以使血管扩张，使血液循环增强和血压下降；常食蜂蜜可保护肝脏，促进肝细胞再生，并预防脂肪肝的形成；胃及十二指肠溃疡患者，每天服用适量蜂蜜有助于消化食物，健胃、润肠、通便等，并可抑制胃酸的过多分泌，减少胃酸对黏膜的刺激，保护溃疡面。此外，蜂蜜对高血压、肺结核、神经衰弱等也有一定的功效。由于蜂蜜可预防和治疗老年人多发病、常见病，所以，老年人常服蜂蜜可延年益寿。

（六）抗溃疡

国内外众多学者和医生的实践证明，蜂蜜不仅能保护溃疡面，以利修复，还有抗溃疡的作用，因此蜂蜜治疗胃及十二指肠溃疡的效果显著。

实践表明，每天早、晚空腹各服蜂蜜 25 克，可调节胃肠功能，治疗胃及十二指肠溃疡、胃穿孔，同时还有消炎、愈合创面、增强消化系统功能及滋补的作用。研究表明，蜂蜜不但有助于消化、健胃，而且可杀死某些引起胃溃疡的细菌，促进溃疡面细胞再生等，能防治胃及十二指肠溃疡。

（七）对心血管系统的作用

蜂蜜具有双向调节心血管系统的作用，即当血压升高或降低的时候，有降低血压或升高血压的作用，使血压达到正常。蜂蜜能使冠状血管扩张，消除心绞痛，具有强心作用。蜂蜜还能提高婴幼儿的血红蛋白含量。

动物实验表明，给狗静脉注射经过净化处理除去花粉的蜂蜜，可引起血压下降，并使冠状血管扩张，但是当血压下降时，蜂蜜却有升高血压的作用。引起血压下降的主要原因是蜂蜜中所含的乙酰胆碱。

临床研究证明，蜂蜜有强心作用，对心力衰竭等心脏病患者有很好的疗效。如果把蜂蜜和羊角拗甙合并使用，其强心作用会更好。有人认为蜂蜜的强心作用与蜂蜜中含有大量糖分有一定关系。蜂蜜中含有非常丰富的机体所需要的糖分，而葡萄糖可营养心肌，使心血管舒张和改善冠状血管的血液循环，保证冠状动脉血流正常，具有良好的改善心脏功能的作用；蜂蜜中所含的酶、维生素等营养物质，也有改善心脏功能的作用。

（八）对血糖的作用

实践证明，蜂蜜对血糖有双重的影响。蜂蜜能降低正常和糖尿病患者的血糖水平，当给糖尿病患者分别服用相同剂量的葡萄糖和蜂蜜后，发现蜂蜜明显降低了患者的血糖水平。但也有与此相反的临床报告，将蜂蜜静脉注射11名正常人、12名肝脏病和心脏病患者、3名糖尿病患者，于注射后40～120分测定血糖、血乳酸和丙酮酸含量，发现血糖量暂时升高，丙酮酸暂时增加，而血乳酸却减少。可见以上两个报告结果是相矛盾的。

高德司米特的报告对此给予了令人信服的说明，他将低浓度的蜂蜜以4毫克/分的速度滴入家兔的静脉时，引起血糖水平的下降；当以10毫克/分的速度滴入时，却造成血糖水平的升高。他认为之所以产生这种对血糖作用的双重影响，是因为蜂蜜中含有乙酰胆碱和葡萄糖这两种因素的缘故。乙酰胆碱能降低血糖，葡萄糖入血可造成食饵性高血糖。蜂蜜在低浓度时，蜂蜜内乙酰胆碱降低血糖的作用超过了其中所含葡萄糖升高血糖的作用；相反，当蜂蜜的剂量增大时，造成大量的糖类物质进入体内，随即引起食饵性高血糖，此时乙酰胆碱降低血糖的作用已不能显示出来。此外，如给家兔和狗肌内或静脉注射蜂蜜，能引起动物肝糖原含量增加，其作用甚至比同剂量的葡萄糖还显著。由于葡萄糖变成肝糖原储存起来，因而不会使血糖升高，这可能是因为蜂蜜内含有其他营养物质，更有利于肝糖原合成。

（九）降血脂

血液中脂肪的总称为血脂，血中的胆固醇、甘油三酯（又称中性脂肪）、磷脂和脂肪酸等是血脂的主要成分。血脂过高即为高脂血症，即血中总胆固醇和甘油三酯过高，高密度脂蛋白胆固醇含量过低。高脂血症可以引起血液凝固，动脉血管壁容易发生粥样硬化斑块、心脑血管硬化甚至闭塞，最终发生冠心病、心绞痛、心肌梗死及脑中风等。此外，高脂血症还可能引发糖尿病、脂肪肝、肥胖症、胰腺炎等。

胆固醇是制造细胞膜，产生性激素，制造保护神经的髓鞘质和合成体内维生素 D 的原料，是维持人类生命的重要物质。胆固醇缺乏会致癌。但胆固醇过多会形成动脉硬化，发生冠心病等心脑血管疾病。人体内胆固醇的正常浓度为每 100 毫升 200 毫克，超过每 100 毫升 230 毫克，就会引起动脉粥样硬化或冠心病，医生就要建议服药以降低胆固醇。但胆固醇也不能降得过低，否则会对身体造成伤害。如果用蜂蜜来降低胆固醇则不会发生矫枉过正的问题。日本东京大学曾做过动物实验，吃高胆固醇膳食的动物，服用蜂蜜的，血胆固醇无明显的变化；而不服蜂蜜的，血胆固醇都明显升高。

人体内胆固醇共有 3 种，分别是低密度脂蛋白胆固醇、极低密度脂蛋白胆固醇和高密度脂蛋白胆固醇。低密度脂蛋白胆固醇和极低密度脂蛋白胆固醇这两种胆固醇，是造成动脉粥样硬化和冠心病的罪魁祸首；高密度脂蛋白胆固醇是有利的胆固醇，它能通过血液循环，到达动脉粥样硬化的部位，将胆固醇吸收到其脂蛋白的颗粒上，再运转到肝脏，使其分解，所以它能降低胆固醇的浓度。1994 年德国科学家发现蜂蜜能使血中高密度脂蛋白胆固醇增加。经过多次动物实验，他们认为蜂蜜能防止 38% 总胆固醇的形成及 42% 低密度脂蛋白胆固醇的积聚。一般认为，血胆固醇每降低 10% ~ 15%，患冠心病的概率就减少 20% ~ 30%。

随着人年龄的增加，动脉的内壁会积存胆固醇或中性脂肪，或是钙质增加而使得动脉失去弹性而逐渐变硬，这种血管内壁狭窄、血液不易流通的现象称为动脉硬化。东京医学齿科大学的岛本多喜雄教授在 1966

年发表报告说，对动脉硬化症、高胆固醇血症、脑血栓、慢性肾炎患者每天进行皮下注射蜂蜜40毫克，大约3天后，7个人中有3人的血清胆固醇下降。艾塞尔松医生认为，是蜂蜜中的维生素促进了肝脏的脂肪代谢，从而防止胆固醇沉淀在血管壁上。另有人认为蜂蜜能够防止心理压力，因此能防止胆固醇附着在血管壁内。但现代研究表明，防止动脉硬化，是蜂蜜中所含有的 γ – 氨基丁酸通过间脑发生作用的。据日本渡边博士测定，每1克蜂蜜中含有1.5毫克的 γ – 氨基丁酸。蜂蜜中所含乙酰胆碱对整个脑部的代谢作用有重要影响，可以扩大血管末梢，对防止动脉硬化也有重要作用。

（十）预防生物武器侵袭

自从美国2001年"9·11"事件后，美国国会、国防部等多个主要国家机关都曾接到过炭疽粉末信件，并有数名美国人因炭疽菌感染而不治身亡，这就是国际恐怖主义分子对美国实施的生物武器袭击。一时间美国上下风声鹤唳，谈"信"色变。但从保加利亚传来了好消息：蜂蜜食疗可预防生物武器侵袭。

保加利亚毒素医学家亚·莫诺夫教授2001年年底提出，以饮食疗法预防生物武器侵袭人体的方法。他经过研究和实验得出结论，人们每天分早晚2次食用加蜂蜜的浓度较高的酸牛奶（每次1杯，每杯掺入1小勺蜂蜜），可以大大增加体内的生物免疫能力。在遭到生物武器侵袭时，可免受或减轻生物毒素造成的伤害。莫诺夫教授认为，生物武器的袭击是属"外伤性"攻击，但它要靠生物毒素在人体内发生作用而产生效力。如果人体具有一定的抵抗和预防能力，则将大大削弱其攻击力。莫诺夫教授已将他研究的蜂蜜食疗法提交给联合国和世界卫生组织。

（十一）抗疲劳

在所有的天然食物中，蜂蜜中含有很多大脑神经元所需要的能量。服用蜂蜜能够消除人体疲劳感和饥饿感，使人在很短的时间内补充能量，尤其是在学习、动脑筋、熬夜后，效果更明显。研究表明，服用蜂蜜能维持强健的体力，补充适当的营养，以恢复疲劳和过度消耗的体能。糖分是蜂蜜的主要成分，而且绝大部分是单糖，能迅速变成机体所需的能量。蜂蜜中的葡萄糖，不必经过消化，服用后 20 分左右就被吸收进入人体血液，然后被送到肝脏。在这里大部分葡萄糖变成肝糖原储存起来，另一部分继续保留在血液中，这部分糖叫血糖，是人体动力的源泉，它随血液循环进入身体各个部位，经体内代谢释放出大量能量。相对葡萄糖而言，蜂蜜中含量更多的果糖对人体有许多显著的优点。葡萄糖在人体内很容易产生乳酸，与肌肉蛋白质结合形成乳酸蛋白。乳酸是造成肌肉酸痛及倦怠的主要原因，但果糖在体内的代谢过程中，不会产生乳酸，不会造成肌肉酸痛与倦怠感。果糖吸收也比葡萄糖缓慢，在体内与细胞的键结合力较强，能在极稳定状态下逐步释放能量，也就是说可以提高人体的耐力。因此，果糖不但能迅速消除疲劳，还能增强人体的耐力及代谢效果。很多运动饮料，都是以蜂蜜为主要配方，蜂蜜中含有大量的果糖，给运动员补给能量比蔗糖好。

（十二）促进组织再生

蜂蜜中含有丰富的能有效地促进创伤组织再生的营养物质。蜂蜜具有加速肉芽组织生长的作用，对各种延迟愈合的溃疡都有效，对烧伤、烫伤的组织有促进和加速伤口愈合的功效。动物实验证明，蜂蜜能促进大鼠部分切除的肝脏的再生，并能增强蛋氨酸促进肝组织再生的能力。甘肃省医药学研究所张培珍等（1985）用生姜蜂蜜封存液对试验性损伤肝脏修复功能的影响进行实验，他们用小老鼠分别注射四氯化碳（每 100 克体重 0.5 毫升）和 60%乙醇（每 100 克体重 0.5 毫升）以导致肝脏细胞损伤，然后分别用生姜蜂蜜封存液（每 100 克体重 0.5 毫升）灌胃治疗，测定其血清转氨酶的肝切片染色，结果证明生姜蜂蜜封存液在肝脏试验性损伤时，有降低血清转氨酶和促进肝修复作用。动物实验还证明，蜂蜜在伤口愈合方面有显著的效果。据埃及的埃尔－斑拜等报道，用 60 只供实验用小鼠，在其背部造成标准伤口，然后进行分组治疗。结果为：给小鼠口服蜂蜜，6 天后伤口全部愈合；用蜂蜜包扎，6 天后伤口（长度）80%痊愈，9 天后痊愈。用糖蜜（用糖喂蜂生产的蜂蜜）包扎，或涂生理盐水包扎，9 天后伤口（长度）仍有 20%没有痊愈。该实验结果不仅证明蜂蜜包扎实验伤口有较好的效果，而且口服效果更好。此外，蜂蜜对各种缓慢愈合的溃疡都有加速肉芽组织生长的作用；对麻风病人的下肢长期不愈的营养不良性溃疡以及烧伤均有加速愈合的作用；对角膜溃疡有良好的疗效。

研究表明，蜂蜜对抗菌消炎、吸附消肿、减少渗出物和促进创面愈合有良好功效。山东聊城蜂产品研究所的路学杰大夫，运用天然蜂蜜治疗长期不愈的溃疡伤口，每天用盐水洗净后，敷上蜂蜜，外用牛皮纸包扎。用常规方法（抗生素和磺胺嘧啶银）治疗无效的感染伤口，用蜂蜜治疗10天，即长出新鲜组织。

（十三）美容养颜

蜂蜜是完美的天然美容剂。在唐代，曾广泛流传着这样一个故事：唐玄宗李隆基的女儿面容干瘪、肌肤不丰，后因战乱避居陕西，常以当地所产的桐花蜜泡茶饮用，3年后她竟出落得丰美艳丽，判若两人。后来人们发现，桐花蜜具有补髓益精、明目悦颜的功能，能使"老者复少，少者增美"。到了明清时期，我国的中医美容更是有了长足的进步和发展。据记载，明末农民起义领袖张献忠军内，有位名叫"老神仙"的随军医生，他善于用一种药汁，能使受伤部位不留任何痕迹，并且屡治屡效。这种药汁，就是当今十分时髦的天然保健品——蜂蜜。

爱美之心，人皆有之，尤其是现代年轻女性更是爱美心切。现代女性讲究流行、追逐时髦，希望保持娇妍美貌、窈窕身材。蜂蜜具有良好的美颜效果，一般服用蜂蜜可保持胃肠畅通，排泄正常，消除脸上皱纹，使皮肤光滑，容光焕发，增强青春气息。这方面的典型不少，世界著名影星索菲亚·罗兰虽说已年过花甲，却身材匀称，行动敏捷，肌肤柔嫩而有光泽，风韵犹存。熟悉索菲亚·罗兰生活的人皆知，她很注意自己的形体锻炼，且贵在坚持，持之以恒。她从30岁就开始进行体育锻炼活动，春、夏、秋、冬从未间断，整整坚持了30年。此外，她十分喜爱服用花蜜，每天都花费时间侍弄花蜜，与花蜜结下了不解之缘。美容师分析指出，一般女性都比较喜欢使用高级化妆品，借以保持容貌的美丽，却忽视了天然而神奇的食品美容法。其实每天服用适量的花蜜，能保持情绪愉悦和平衡，进而保证整个机体功能的稳定。罗兰热爱大自然，在大自然中陶冶情操，也获得了美的享受，使自己青春光彩常驻。

现代研究表明，蜂蜜之所以对美容具有如此大的功效，是因为蜂蜜中的葡萄糖、果糖、蛋白质、多种维生素、18种以上的氨基酸、多种微量元素和酶类等护肤成分，作用于表皮和真皮，为细胞提供养分，促进它们分裂、生长，对促进老年性皮肤改善，减少色素沉着，防止皮肤干燥和滋润皮肤都有良好作用，如经常坚持服用蜂蜜，其作用就更显著。有资料表明，蜂蜜中所含蛋白质具有去皱纹的作用，可促进皮下肌肉的生长，使肌肉丰满而具有弹性。蜂蜜中的胶原蛋白，不仅是皮肤细胞生长的主要原料，而且还能增加皮肤的储水能力，保持皮肤内外环境水分平衡，起到滋润肌肤的作用，使皮肤柔软、白嫩，使容颜显得更年轻靓丽。蜂蜜中的氨基酸也能够使老化和硬化的皮肤恢复水合性，保持角质层的水分，从而使皮肤更滋润和健康。

蜂蜜中的维生素，特别是维生素 E 不但能预防皮肤衰老，而且具有扩张毛细血管的作用，改善血液循环，延长红细胞生存时间，有利于色素的排泄。同时还能氧化皮下的多余脂肪，增强组织细胞的活性，使皮肤滑润、雪白如玉。蜂蜜中的维生素 A 具有抗皱的效果，可促进皮肤代谢，使肤质柔润、光洁、富于弹性，特别是能使眼睛明亮有神；维生素 B_2 是抗皮炎的特效物质，可防止或消除面部色素斑与粉刺；维生素 B_3 能改善皮肤组织排泄功能，促进血液循环；维生素 B_6 可抑制皮脂腺活动，减少皮脂分泌，抑制青春痘的生长；维生素 B_{12} 为造血物质，可提高血色素，使肤色红润而富于朝气；维生素 C 是黑色素的克星，可使皮肤洁白细嫩。蜂蜜中所含丰富的胆碱和乙酰胆碱，不仅能改善大脑功能，而且有刺激副交感神经作用，使女性的皮肤有光泽。通常当女孩子坠入情网时都会容光焕发，比平常倍增艳丽，就是由于喜悦的情感刺激性腺激素的分泌而滋润了全身的缘故，尤其是乙酰胆碱的活化作用使皮肤更加光滑细腻。

研究还表明，皮肤皱纹和老年斑的产生，都是体内产生过多的活性氧自由基的结果。自由基能降解弹性纤维，使皮肤失去弹性和柔软性。蜂蜜是天然抗氧化剂，其中所含维生素 A、维生素 C、维生素 E、超氧化物歧化酶、黄酮类、硒等能起到清除机体代谢过程中所产生的多余自由基和抗氧化、抗衰老作用，因此可延缓皮肤衰老和脂褐素沉积的出现。此外，便秘也是美容的大敌，大便不通，大便中的毒素被血液吸收，会严重影响皮肤的生理机能，使皮肤失去光泽和弹性，加速皮肤老化，成为皱纹和皮肤斑疹形成的原因，而蜂蜜是最理想的通便剂。失眠也是美容的大敌，睡眠不足，将导致血液循环减缓，造成眼圈发黑，内分泌失调，使皮肤的光洁度减弱，变得苍白、灰暗、无血色，蜂蜜中的葡萄糖、维生素及镁、磷、钙等物质能滋润神经，调节神经系统，从而起到促进睡眠的作用，可收到治疗失眠症和美容的双重效果。

蜂蜜还有很强的杀菌作用，能避免面部皮肤感染病菌和消除皮肤发炎等疾患。总之，蜂蜜养颜美容是蜂蜜中各种营养成分和功能因子共同作用的结果。在当今，既能养颜美容又能保健的天然食品中，蜂蜜无疑是人们的首选。

（十四）保肝作用

人体最大、功能最复杂的重要器官是肝脏，分泌胆汁，消化食物及脂肪，把葡萄糖转变成糖原储存起来是肝脏的主要功能，如机体需要再转变成葡萄糖进入血液中而利用。肝脏被称为"化学工厂"，对于碳水化合物、蛋白质、脂肪、水分的代谢扮演着重要角色，它参与体内消化、排泄及解毒等代谢过程。一旦肝脏功能失调，会引起肝病发生，肝炎是最普遍的疾病，对身体具有很大的危害性。

临床实践表明，蜂蜜有良好的保肝作用，并有良好的防治肝病的效果。因为肝脏不需要加工蜂蜜中的单糖、多种维生素、酶类及氨基酸，它们可直接进入血液为机体利用，对肝脏起到保护作用。蜂蜜能强化肝脏的功能，对体内各组织具有净化作用。蜂蜜具有强肝作用，因为含有丰富的胆碱，以及多种酶，能增强肝脏的解毒功能，再加上蜂蜜含有多种营养成分，从而增强机体对传染病的抵抗力。蜂蜜还能加强机体的新陈代谢，调节免疫功能，有利于肝病的治愈。同时，蜂蜜对组织细胞再生有促进作用，对肝细胞损伤修复十分有利。罗马尼亚 Talomicianu 等研究报告指出，每人每天吃 25 克上等蜂蜜后，对医治肝病很有效，而且无任何副作用。

小知识

蜂蜜保护肝脏主要是两个方面：一是蜂蜜中的葡萄糖能转变成肝糖原储存待用，为肝脏的代谢活动积蓄和供应能量，从而保证了肝功能的正常发挥；二是蜂蜜能刺激肝组织再生，起到修复损伤的作用。

（十五）改善睡眠

因为蜂蜜中的葡萄糖、维生素以及镁、磷、钙等物质能够滋润神经，调节神经系统，从而起到促进睡眠的作用，尤其是对神经衰弱者，蜂蜜具有良好的催眠作用。

美国纽约罗斯福医疗中心曾做过试验，结果表明睡觉前吃适量蜂蜜有催眠作用，睡前进食的患者，其第一觉的睡眠时间是不进食者的 4 倍，其中热牛奶中加蜂蜜催眠效果最好。美国的派克博士把 1 ~ 2 大勺蜂蜜加入半个柠檬的果汁中，让神经质的失眠症患者喝下去，获得的催眠效果比其他任何药物都好。苏联学者约里什在他的《蜂蜜的医疗性能》一书中指出："神经衰弱者，每天只要在睡眠前口服 1 匙蜂蜜就可以促进睡眠。"

实践证明，蜂蜜是目前最好的安神、安眠的保健食品。蜂蜜比很多安神安眠药的效果都好，而且没有什么副作用，不像其他药物，对肝、肾有严重的损伤，有成瘾性。

（十六）抗肿瘤

蜂蜜有抗肿瘤作用。1948 年 10 月，美国国家防癌协会杂志报告，一群患癌瘤的老鼠，用蜂蜜饲养几个月后，癌细胞停止生长。这份报告是由美国农业部昆虫局的 William Robinson 提出的。研究证明，当老鼠的食物中加入蜂蜜后，则苯并芘（致癌物质）在发生的乳癌中将被抑制至 1/10 ~ 1/8。实验中若不以蜂蜜饲喂老鼠，则致癌率显著提高。报告强调指出，少许的蜂蜜就能有效地抵制癌瘤生长，因此，得出了蜂蜜对癌症有显著的抑制效果的结论。

在美国、日本及欧洲等发达国家有许多人认为，只要大量正确服用蜂蜜就能防治癌症。那么蜂蜜对于癌症有防治功效的秘密何在呢？归纳起来，主要是：

第一，一般认为，癌细胞的形成有两个阶段，起初阶段是指有些致癌因素如黄曲霉素或亚硝胺进入人体内后，使细胞内的 DNA 活化，变成潜伏的癌细胞。这些潜伏的癌细胞经过促癌因素如精神紧张、化学毒品、高脂肪膳食、营养不良等的作用，突变成活的癌细胞。而蜂蜜则可减轻人的精神紧张和增加营养、解毒，因而可防癌。

第二，有的肿瘤是由于激素分泌过多所致，如乳腺癌是因为雌性激素分泌过多。而蜂蜜则是控制激素的保健药品，它可以控制激素使其分泌正常。同时它有控制癌细胞繁殖的作用，在培养癌细胞的试管中，若加入蜂蜜，则会抑制癌细胞的生长。

第三，蜂蜜能进入细胞，保护细胞 DNA 的遗传物质使其不受细菌、病毒或自由基的损伤。若血液中有足够的蜂蜜成分，则正常细胞不会变成癌细胞。

第四，蜂蜜中含有抗肿瘤的有效物质，如咖啡酸、维生素（维生素 B_2、维生素 B_6、维生素 B_{12}、维生素 E、维生素 C 等）、微量元素（硒、铁、钼、铜、锰）和活性酶等均有抗癌作用。

第五，蜂蜜具有加强免疫系统的作用。免疫系统是防癌的重要防线，当癌细胞侵入时，T 细胞能识别癌细胞，告知 B 细胞产生杀伤癌细胞的抗体，并召集巨噬细胞吞食癌细胞。

第六，人体的能量供给主要是细胞内由糖和脂肪氧化后，再合成 ATP

（三磷腺苷，高含能物质）。当人体身体状况变差后，合成 ATP 的能力降低，便会发生氧的过剩，导致自由基的产生。致癌的罪魁祸首是自由基。蜂蜜能够清除自由基成分，因而能防癌。

二、蜂蜜的食用方法及用量

古往今来蜂蜜一直受到人们的钟爱，是老幼皆宜的天然营养保健品。科学研究和临床实践证明，应用蜂蜜的方法大有讲究，蜂蜜的用法对其营养保健作用和医疗效果有直接影响，只有科学合理地使用才能充分发挥蜂蜜的营养保健和医疗功效。

（一）直接食用

1. 食用方法

可以直接食用新鲜成熟的蜂蜜，也可将其配成水溶液，因为水溶液比纯蜂蜜更易被吸收。但绝对不可以不合理地加热，用开水冲或用高温蒸煮蜂蜜，会使蜂蜜中的营养物质严重破坏，蜂蜜中的酶失活，香味挥发，颜色变深，滋味改变，食之有不愉快的酸味。研究表明，蜂蜜最好使用 40℃以下的温开水或凉开水稀释后食用。在蜂蜜营养成分中酶类尤其是淀粉酶对热极不稳定，淀粉酶值降低则证明蜂蜜特有的香味和滋味受到破坏而挥发，抑菌作用下降，营养物质被破坏。特别是在炎热的夏季，用冷开水冲蜂蜜饮用，能消暑解热，是很好的清凉保健饮料。把蜂蜜加在温热的豆浆、牛奶中，调和后一并饮下，也可以用面包蘸蜂蜜吃，还可将蜂蜜拌在凉菜中或以其对矿泉水、纯净水饮用，清香可口，营养丰富。

不同的食用方法，所起的作用亦不同。现分别介绍如下：

每天早、晚空腹服用新鲜的天然蜂蜜（不经任何加热处理），每次30～50克，温开水送服。此法可强身健脑，适用于营养不良、神经衰弱、贫血（以深色蜜为佳）、肝炎、肝硬化、肺炎、支气管炎、感冒、咳嗽、便秘、萎缩性胃炎、胃癌、结肠癌及青光眼等疾病。

在温开水中加入蜂蜜调匀或将蜂蜜加热后服用，每天3次，每次25～30克（视目的及病情需要），最多也可每次50克。此法主要适用于溃疡性胃炎、胃寒、浅表性胃炎、胃痛等胃病；还适用于十二指肠溃疡、胆囊炎、胆结石、高血压、动脉粥样硬化、冠心病、心悸、失眠、健忘、小儿遗尿、妇女月经不调、呕吐、晕眩等疾病。

在饭前1小时或饭后3小时用凉开水冲服蜂蜜，每天3次，每次30～40克，小儿酌减，也可混合牛奶或豆浆服用（图5-1）。此法适用于肠炎、腹泻、痢疾、伤寒、感冒发烧、咽喉炎、咽喉肿痛、醒酒清脑等；如以凉茶水冲服可用于风湿性疾病、痹痛、腰肌劳损、产后风瘫等；凉开水冲服蜂蜜加冰块服用，可用于防暑及治疗中暑、疲劳乏力等症。

图5-1　蜂蜜牛奶

断食 1 ~ 2 餐后，大剂量服食蜂蜜 100 ~ 150 克，随即睡觉，之后每天坚持服用，直至病愈。此法可起到滋润保护肝脏的作用，适用于肝硬化、大便干结等顽症。

2. 食用时间

蜂蜜的食用时间一般在饭前 1 ~ 1.5 小时或饭后 2 ~ 3 小时。但对有胃肠道疾病的患者，为了更好地发挥其医疗作用，则应根据病情确定食用时间。因为科学研究和临床实践证明，蜂蜜对胃酸分泌有双重影响，当胃酸分泌过多或过少时，蜂蜜可起到调节作用，使胃酸分泌活动正常化。如在饭前 1.5 小时食用蜂蜜，它可抑制胃酸的分泌；如在食用蜂蜜后立即进食，它又会刺激胃酸的分泌。温热的蜂蜜水溶液能使胃液稀释而降低胃液酸度，而冷的蜂蜜水溶液却可提高胃液酸度，并能刺激肠道的运动，有轻泻作用。因此，胃酸过多或肥大性胃炎，特别是胃和十二指肠溃疡的患者，宜在饭前 1.5 小时食用温蜂蜜水，不仅能抑制胃酸的分泌，而且能使胃酸降低，从而减少对胃黏膜的刺激，有利于溃疡面的愈合；而在食用冷蜂蜜水后立即进食，对胃酸缺乏或萎缩性胃炎有极好的治疗作用。每天睡觉前食用蜂蜜会促进神经衰弱者睡眠，因为蜂蜜有安神益智和改善睡眠的作用。

3. 食用剂量

食用过多的成熟的蜂蜜会造成血糖浓度过高，超过机体的耐糖量，干扰胰岛的功能。成熟的蜂蜜是葡萄糖和果糖的饱和溶液，因而大量食用蜂蜜是不适合的，因为"物无善恶，过则成灾"。食用蜂蜜的一般剂量是：成年人每天食用 100 克较为适宜，最多也不超过 200 克，分早、中、晚 3 次食用，早晨 30 ~ 60 克，中午 40 ~ 80 克，晚上 30 ~ 60 克；儿童每天食用 30 克较好。用于治疗时，以 2 个月为一个疗程，即可收到显著效果。食用剂量上，用量过小达不到相应的效果，用量过大也没必要，需因人适情而定，主要根据服蜜的目的及需要，正常情况下，治疗剂量稍大一些，保健剂量适当小一些。

（二）吸入法

通常将蜂蜜与蒸馏水按 1 ： 2 比例稀释后，装入特制的喷雾器内进行雾化，经鼻腔吸入，见图 5-2。当患者有感冒、支气管炎、支气管哮喘、鼻炎等疾患时，由患者从鼻孔吸入，从嘴呼出，每次 5 ～ 20 分。根据目的或病情每天吸雾 1 ～ 2 次，15 天为一个疗程，此法值得推广应用。

图 5-2 蜂蜜喷雾剂

（三）电离子透入法

用蜂蜜的电离子透入法治疗皮肤溃疡，能促进肉芽组织的生长。由于电离子透入法需要一定的设备把大部分药物成分注入体内，治疗皮肤溃疡，促进肉芽组织的生长，因此此法值得研究。而直接食用既简单，治疗效果也明显，故一般都采用直接食用的方法。

（四）注射法

蜂蜜中的蛋白质被去除后剩下的溶液，其中含有氨基酸、葡萄糖，以及镁、钙、钠、钾、氯等离子，将此溶液装入安瓿，供注射用。

必须把蜂蜜中的蛋白质去除彻底，因为蜂蜜有抗原性，注射后会引起过敏反应。但是，蜂蜜的主要营养物质来源于蛋白质，所以此法很少用。

（五）外用

蜂蜜不仅可以食用，而且还可以外用，治疗多种皮肤疾患等，但不同的用法，所起的作用也不同。常用的外用方法有以下几种：

第一，在烧伤或烫伤等情况下，立即用天然成熟蜂蜜（不经加热处理），均匀涂抹于患部，待稍干后再涂 1 次，当天可涂抹 5 ~ 6 次；第二天以后每天清洗 1 次，涂抹 2 ~ 3 次，随着伤口好转（肤痂形成后）每天涂抹 1 ~ 2 次。小面积伤可采取暴露疗法，这样更有利于创面痊愈；大面积伤或重度烧伤已感染者，可在涂抹蜂蜜后，用无菌纱布适当包扎。

第二，用棉球蘸天然成熟蜂蜜直接涂抹于患处，用量以薄薄一层为宜，2 小时后用纱布蘸温热水洗净拭干，每天 2 ~ 3 次。症状明显好转后改为每天 1 次，直至痊愈。此法适用于过敏性皮炎、湿疹、小儿尿布性皮炎、红肿及脚癣等症。

第三，当出现烧伤、烫伤、刀伤或者化脓等情况时，先用成熟蜂蜜与生理盐水（或用 40℃以下温开水）配制成 10% ~ 15% 的蜂蜜液，用以清洗伤口，除去坏死组织及脓液后，直接将蜂蜜涂抹到患部，外用绷带适当包扎，隔 1 ～ 2 天换药 1 次，直至伤口愈合。

第四，先用 10% 蜂蜜液清洗疮口，挤出败血、积脓后，再将蜂蜜浸渍过的纱布敷于创面及患处，外用绷带包扎，隔日一换。此法适用于冻疮、疖疮、臁疮、急慢性皮肤溃疡、黏膜性溃疡、褥疮等症。

第五，将蜂蜜与温开水调制成 5%、10%、20%、30% 的溶液，用以清洗患处（浓度根据不同目的和情况酌定）。此法适用于男、女阴部不洁、奇痒及小儿硬皮症、尿布性皮炎和眼角膜溃疡等症。用蜂蜜溶液做漱口水，还可防治口腔溃疡、口腔炎、咽喉疾患；用蜂蜜水清洗或滴入患耳或鼻，可治疗中耳炎、鼻窦炎、萎缩性鼻炎等症。

第六，选用新鲜成熟的蜂蜜，装入胶囊中，每个 2 克以上，需要时纳入阴道内，每天早、晚各 1 粒。此法适用于妇女阴道滴虫病、阴道炎、白带多、宫颈糜烂等症。

第七，当遇到大便干结或小儿大便不通等症时，将蜂蜜文火熬至浓稠膏状，待冷后捏成栓锭，每锭如小指般大，需用时塞入肛门内，每次 1 粒，每天 1 ～ 2 次。

三、蜂蜜的临床应用

蜂蜜入药治病在我国已有几千年历史，中医历来认为，蜂蜜味甘、性平，归肺、脾、心、胃和大肠经，有润肺补中、润燥滑肠、清热解毒、健脾胃及缓中止痛的功效。蜂蜜所治疾病非常广泛，从内科到外科，从皮肤科到眼科，从妇科到儿科，蜂蜜都能够广泛应用。蜂蜜能合百药，在中医的方剂中蜂蜜的应用很广泛，至于在中药的炮制中添加蜂蜜更是必不可少。在从古至今的印度、埃及、希腊、俄罗斯等民间医学中，蜂蜜始终受到人们的关注。当然，应用蜂蜜绝不限于民间医学，现代医学亦将蜂蜜广泛用于临床治疗中，并对多种疾病有很好的治疗效果。

法国 Herold 博士的《蜂蜜生产物的健康价值》专著中，蜂蜜的药效论就用了 127 页。从妊娠、幼儿、青年运动员、老年人开始，直到肝脏、心脏、血液、肾脏、消化器官、呼吸器官、神经系统、皮肤、外伤、眼病、放射线损伤、糖尿病等，都可见蜂蜜的应用。

（一）治疗胃肠溃疡

最常见的胃肠溃疡是胃及十二指肠溃疡。这种病，顾名思义，是指在胃部或十二指肠引起溃烂，一般认为除种种不当的食物及药物外，还因身心过度疲劳或压力太大引起。有关专家估计，我国约有 20% 的人一生中曾患过消化道溃疡病。表现为胃部疼痛长期反复发作，有周期性和规律性，多呈钝痛、灼痛或饥饿痛。并常伴有慢性胃炎症状。胃溃疡患者的胃像是开始腐烂的苹果，如果长时间不治疗，腐烂面会越来越大，引起胃穿孔、出血及幽门梗阻等。

实践证明，尽管药物已经大大提高了溃疡愈合率，并发症减少，但有些患者治愈后复发率仍然很高，每一年的复发率高达 50% ~ 80%，即使长期维持治疗，一旦停药仍会很快复发。1983 年，澳大利亚墨尔本中心医院的研究人员从一名慢性胃炎患者的胃黏膜上分离出一种名为幽门螺杆菌的细菌。经过实验发现，确认消化道溃疡的发生与幽门螺杆菌感染密切相关。

据此，研究人员让消化道溃疡患者口服蜂蜜或蜂蜜加温水调和当茶饮用，结果溃疡的复发率大幅度降低，且即使未服用抑酸剂，溃疡的愈合也令人满意。虽然有很多抗菌药物也具有抑制幽门螺杆菌的作用，但由于此菌在人体的胃黏膜与黏液之间的胃小弯内生活，细菌能产生氨来保护自己不被胃酸杀死，因此不易根除。若单用一种抗菌药物治疗，根除率为20%～40%，如果将两三种药物合并使用，如黏膜保护剂和抗生素合用根除率可达80%。联合用药虽然疗效显著，但副作用大，不宜长期或重复使用，疗程一般控制在2周左右。而蜂蜜具有抗酸、抗胃蛋白酶和促进溃疡愈合作用，是一种消化道黏膜保护剂。经实验证明，蜂蜜具有有效抑制幽门螺杆菌及其繁殖能力的作用，疗效可与铋剂相仿，如果两者联合使用，将有望根除胃溃疡及十二指肠溃疡。蜂蜜被应用于治疗幽门螺杆菌所致溃疡病之后，澳大利亚政府专门为墨尔本中心医院的研究人员颁发了最高嘉奖——伊丽莎白女王勋章。此后，澳大利亚、加拿大、美国等许多国家的大公司都无偿地提供蜂蜜饮品，并严格要求职员们以蜜代茶，有效预防"现代文明病"之一的消化道溃疡，以便提高工作效率。

（二）治疗便秘

便秘是指大便经常秘结不通，排便时间延长，经常3～5天甚至7～8天才排便一次，或有便意而排便困难者。若便秘症状经常性发生，叫习惯性便秘，多见于老年人便秘的发生，是一种常见的临床症状。主要是由于大肠的蠕动功能失调，粪便在肠内滞留时间过长，水分被过度吸收，而使粪便过于干燥、坚硬所致。便秘日久，常可引起腹部胀满，甚至腹痛，食欲不振。长期便秘，会产生多方面的不良影响，如：粪便中的有毒物质会被肠黏膜吸收，随血液循环流到全身各部，出现头痛、失眠、皮肤瘙痒或生暗疮，严重时可能发生肠癌等。

蜂蜜是良好的通便剂，具有很好的润肠作用。因为蜂蜜中的乙酰胆碱进入人体后会对副交感神经发生作用，促进肠蠕动。便秘者每天早、中、晚分别用温开水冲服蜂蜜30克，连服2～3天，大便即通，无任何副作用。蜂蜜可作为一种较理想的治疗药物，治疗习惯性便秘、老年性便秘及孕妇便秘。

（三）治疗蛔虫性肠梗阻

蛔虫性肠梗阻，它是因蛔虫扭结成团堵塞肠管，以及蛔虫分泌毒素，使肠管痉挛，消化道肠管阻塞不通所致，属中医的"蛔虫性肠结"范围。以痛、呕、胀、闭为主症，在服用驱虫药剂量不足或发热情况下发病。临床多用植物油驱虫、抗炎、解痉或手术治疗。但效果往往不令人满意，少数患者仍需手术取虫。

福建省光泽一中兰福森（2000）用蜂蜜、生姜汁治疗蛔虫性肠梗阻患者28例，均可在48小时内排便、排气、虫体散开，或有蛔虫排出，腹痛症状消失，体温、饮食正常，精神转佳，疗效明显。具体治疗方法是：取蜂蜜160克，文火加热至60～80℃，加入鲜生姜汁30克，调匀，稍凉，待不烫嘴时口服。服后忌服水和食物5小时，以便提高疗效。由于这种方法取材容易，疗程短，花钱少，可避免开刀之痛苦和恐惧，易为患者所接受。但此法只适宜小儿蛔虫性肠梗阻，对其他类型肠梗阻无效。

（四）治疗烧伤、烫伤

蜂蜜涂布烧伤、烫伤创面，能营养创面，抗菌消炎，吸附消肿，减少渗出液，减轻疼痛，控制感染，促进创面愈合，从而缩短治疗时间，对烧伤、烫伤有极佳的效果。早在 1935 年出版的 *Alpenlandische Bienenzeitung* 杂志即报道了蜂蜜治疗灼伤、烧伤、烫伤等的绝佳效果，并且特别强调了蜂蜜能够减轻灼伤后的疼痛感。

蜂蜜治疗烧伤、烫伤的方法：一般Ⅰ、Ⅱ度中、小面积烧伤、烫伤，创面经清洁处理后，即用棉球蘸蜂蜜均匀涂布（不宜太厚或太薄），早期每天 2 ～ 3 次或 4 ～ 5 次，待形成焦痂后，改为每天 1 ～ 2 次。采用暴露疗法，如痂下积有脓汁，可将焦痂揭去，创面可重新结成焦痂，迅速愈合。对于感染的或面积较大的Ⅲ度烧伤，则可用蜂蜜纱布敷于创面，外用无菌棉垫包扎。冬季不宜使用暴露疗法治疗者，也可采用此法。蜂蜜中也可以加入 2% 普鲁卡因，配成 2 ：1 混合液使用，以减轻涂药开始时给创面带来的疼痛。一般Ⅰ、Ⅱ度烧伤涂布蜂蜜 2 ～ 3 天后，创面形成透明痂，6 ～ 10 天焦痂自行脱落，新生上皮完全生长。采用蜂蜜纱布包扎治疗者，一般经 6 ～ 9 天肉芽生长良好，2 ～ 3 周后即痊愈。在治疗过程中，很少发现有感染者，已感染的创面涂蜜后，脓性分泌物也逐渐减少。关节处的焦痂易于破裂，要注意保护。但使用本法时，仍应尽力创造无菌条件。本疗法仅限于创面处理，其他如止疼、抗感染、补充液体及控制休克等，均需按常规配合进行。

（五）治疗创伤

应用蜂蜜治疗创伤历史悠久。公元前 2600 年至公元前 2200 年期间，古埃及记载着把油脂和蜂蜜涂在亚麻纤维上当创伤膏使用的内容。当时的 900 种药物中以蜂蜜为主要成分的就有 500 种。中国、希腊及罗马亦用蜂蜜治疗创伤及消化道疾病。16 世纪 Valerius Cor-dus 描述的创伤膏和埃及的很相似："用一匙蜂蜜，一匙羊油，一个蛋清，再加上少许面粉制成的创伤膏。"

蜂蜜能够快速地促进伤口愈合，在治疗创伤上有很显著的效果。《The Golden Pollen》这本书中，讲述了第二次世界大战期间的一段故事。那是 1940 年 2 月的一天，一士兵接到第二天早晨将被枪决的消息，于是决定在夜里逃走。他拖着病体，因为过度疲劳，迷失在丛林中，终因大量失血而虚脱休克。他的双脚，因受到焦炭灼刑，又没治疗，以致发炎感染而成为坏疽。后来，一位村民在丛林中发现他已奄奄一息，于是将他背回家里并细心照料他，并将其发炎的双脚洗干净，然后敷上蜂蜜并以绷带绑缚好。村民每天用蜂蜜调喂他，经过 3 个月的细心照顾，他竟然神奇地康复了！

近代对蜂蜜治疗创伤的报道很多。Ibrahim（1981）报道，在体外试验浓度为 30% ～ 50% 的蜂蜜比普通的抗生素优越。蜂蜜能成为很理想的敷料是因其抗菌性、黏性和吸湿性，它能吸收水肿组织周围的水分，能清洁伤口，并可保护创伤不再受感染。Efem（1988）描述蜂蜜能迅速清理创伤，促进肉芽组织生长，更新腐肉。根据 Postmes（1995）报道，用蜂蜜治疗创伤，不痛，能减少伤口的异味及皮肤移植部位的感染。蜂蜜用于伤口的化学清理，除它的治疗作用外，还可以使许多患者不必在通常麻醉下做清创手术。

德斯科特医生在 1984 年就想到了用蜂蜜来治疗外伤，10 多年时间，他治愈了 300 多名外伤患者，其中有 90% 的疗效尤为显著。而最令人称奇的是 1993 年夏，德斯科特医生的儿子在西班牙旅游时遇到可怕的车祸，上身严重烧伤，西班牙医生做了植皮手术，但随后发生了植皮坏死的现象，于是再植新皮，如此反复了几次，一直到德斯科特医生下决心采用蜂蜜治疗后，创口才开始慢慢愈合。从此，德斯科特的蜂蜜疗法成了西班牙人治疗外伤的"灵丹妙药"。

（六）辅助保存移植器官

医学界利用蜂蜜含有丰富的营养成分，而且具有显著的抗菌、抑菌和防腐作用，用蜂蜜来保存如骨骼、神经、筋和皮肤等人体组织器官，并且取得了令人满意的效果。

经临床实践证明，在常温下的蜂蜜中移植器官能长时间保存，且移植后愈合率高，移植效果好。苏联外高加索共和国国立创伤学和矫形学研究所，在常温下的蜂蜜浴液中长时间保存准备用来移植的人机体组织，如骨骼、筋、神经等组织。经临床大量的手术证明，愈合率高，效果好，还有运输方便的特点。印度有一个医院，将狗的主动脉瓣膜保存在 4℃ 的尼泊尔蜂蜜中，几个月后，将其取出放在正常的盐水中，发现形状和大小没变，但主动脉和会切点的抗张强度却增加了 50%。而且比新鲜的组织更为结实，富于弹性。在临床实践中，对烧伤伤口复杂的患者，可以根据伤口总面积一次把植皮片取下来，但因伤口的感染情况不同，必须分期分批地将它们移植到患者身上，不感染的伤口可以立即移植，其他的植皮可以保存在蜂蜜中，待伤口感染消失后再移植。1993年美国医生Subrahmanyam曾在无菌、不稀释、不加工的蜂蜜中成功地保存植皮片达7～12周之久，做过的15例植皮手术，成功率达80%。

藏骨易腐变性，储存时间短，一般不超过1年，并且设备昂贵，操作烦琐，携带不便。当前国内外储存材料时使用的一些方法，都有很大的缺点。我国医学科技工作者用蜂蜜贮骨已获成功。利用蜂蜜储存胎骨，不仅取材容易，设备简单，费用低廉，而且胎骨的储存期可达5年左右，为顺利开展骨外科手术创造了条件。对此，科学家预言：我国将有可能寻求到一条储存离体心、肝、肾等脏器的有效途径。临床使用这种经蜂蜜储存的胎骨，不但缩短了骨愈合周期，而且使得骨愈合质量也得到了提高。通过蜂蜜冷藏的方法也可保存自体颅骨瓣。据邓传宗等的研究，在3～18个月的不同保存期内，将颅骨瓣分别置于蜂蜜中和生理盐水中冷藏后进行病理组织学检查，证实了置于蜂蜜中的这些颅骨瓣均有活的骨细胞存在，而生理盐水中的则没有组织结构。临床成功地将蜂蜜冷藏的颅骨瓣用于8例外伤患者修补颅骨缺损，并对其中6例做了3个月至2年的随访和头颅X线片追踪检查，可见移植修补的颅骨瓣与周围颅骨密度一致，对位好，且有新骨形成。这表明经蜂蜜冷藏的自体颅骨瓣是修补颅骨缺损的最适宜材料，可达到满意的整容目的和正常的生理功能，而且方法简便，易于在基层医院推广。

（七）治疗皮肤溃疡

蜂蜜具有抗菌、消炎、消肿、收敛和清洁创面的作用。蜂蜜呈轻度酸性，黏性大，吸水性强，并含有杀菌物质抑制素，适于皮肤溃疡的治疗。皮肤溃疡是外科常见疾患，但治疗却较为麻烦。对于年久不愈的皮肤溃疡，用10%蜜汁洗涤疮口，然后用棉签将蜂蜜均匀涂抹在创面上或以涂有蜂蜜的敷料包扎，隔日换药1次，溃疡面很快变干，有利组织修复，腐肉、坏死及坏疽组织逐渐脱离，1周后即有新鲜肉芽形成，20～30天即可治愈。

我国黄强在《中国中西医结合杂志》（1992年12期）上发表《蜂蜜加庆大霉素治疗皮肤溃疡11例》一文，用鲜蜂蜜加庆大霉素局部用药治疗平均病程1.5年，用其他疗法未见效果的11例皮肤溃疡患者，治疗后取得较好疗效。其方法是：首先取当年产的新鲜蜂蜜100毫升，然后加入4只（每只8万国际单位）注射用的庆大霉素溶液混合均匀，并用棉签均匀地涂抹在经过清洗消毒的溃疡面上，每天2～3次。治疗后皮肤溃疡面很快变干，炎症水肿消退，腐肉及坏死组织逐渐分离，1周后溃疡面即有明显好转，平均2.5周后，所有病例溃疡面全部愈合。另一项研究将蜂蜜制成膏剂，治疗108例创伤性溃疡，结果全部病例均获痊愈，最大溃疡面（5厘米×5厘米以上）仅治疗1个月左右即愈合，且创面平整，未发生组织增生现象。

（八）治疗阿尔茨海默病

阿尔茨海默病（Alzheimer disease，AD），是一种中枢神经系统变性病，起病隐匿，病程呈慢性进行性，是老年期痴呆最常见的一种类型。主要表现为渐进性记忆障碍、认知功能障碍、人格改变及语言障碍等神经症状，严重影响社交、职业与生活功能。AD 的病因及发病机制尚未阐明，特征性病理改变为 β 淀粉样蛋白沉积形成的细胞外老年斑和 Tau 蛋白过度磷酸化形成的神经细胞内神经元纤维缠结，以及神经元丢失伴胶质细胞增生等。

AD 患者几个阶段的表现：第一阶段症状表现为记忆力明显减退，往往忘记前一天或刚刚做过的事，判断能力下降，患者不能对事件进行分析、思考、判断，难以处理复杂的问题；情绪不稳定，易激怒，气量小；对人冷淡，孤僻，精神萎靡不振。第二阶段症状表现为远近记忆严重受损，简单结构的视空间能力下降，时间、地点定向障碍，不能独立地进行室外活动，如出门后不知回家的路，忘记一生中最难忘的事情，如出生年月、工作、结婚年月、亲人的名字等。第三阶段患者已经完全依靠照护者，严重记忆力丧失，仅存片段的记忆，日常生活不能自理，出现神经功能障碍，如口、面部不自主动作，如吸吮、噘嘴、厌食或贪食，大小便失禁等症状。

由于发病因素涉及很多方面，绝不能单纯地依靠药物治疗。近年来，祖国医学发挥优势，口服中药抗脑衰蜜汁，以中药蜂蜜、蜂王浆、党参、山药等为主，能促进记忆、防衰老，对痴呆的预防和治疗都有良好效果，特别是蜂蜜与王浆配合（日服蜂王浆 15 ~ 20 克），对痴呆的疗效最理想。美国临床实验发现，AD 患者连续服用花蜜能很快恢复记忆力。近年有关大脑生理学的研究发现，蜂蜜营养品确实对大脑机能有显著的提高功能。蜂蜜中不仅含蛋白质，还有许多促进蛋白质转变成能量的酶类，这些转化酶使蛋白质变成分子量更小的氨基酸，直接供给大脑以足够的能量，使人的判断力和感觉能力更加敏锐。日本神经科专家研究发现，乙酰胆碱的缺乏是引起患 AD 的主要原因之一。蜂蜜中不仅含有乙酰胆碱，而且含有丰富的胆碱，胆碱也有助于乙酰胆碱的生成，而乙酰胆碱是增强记忆力的重要物质，故有防痴呆的作用。此外，蜂蜜中所含维生素 B、维生素 C、维生素 E 能提高智商水平，加强记忆和促进注意力集中；蜂蜜中富含钙、镁、磷等多种矿物质，对大脑也有很多好处。特别是蜂蜜中所含的维生素 A、维生素 C、维生素 E、SOD、硒等是天然的抗氧化剂，抗氧化力很强。蜂蜜比通常认为最好的天然抗氧化剂维生素 E 高 2 倍，比谷胱甘肽高 5 倍，而且是最强的自由基（羟自由基）的中和剂，所以能消除体内自由基，使脑细胞不受自由基的侵袭，而自由基又是引起痴呆的祸根，因而蜂蜜能防痴呆。

（九）治疗糖尿病

糖尿病是一种由于胰岛素分泌缺陷或胰岛素作用障碍所致的以高血糖为特征的代谢性疾病。持续高血糖与长期代谢紊乱等可导致全身组织器官，特别是眼、肾、心血管及神经系统的损害及其功能障碍和衰竭。严重者可引起失水、电解质紊乱和酸碱平衡失调等急性并发症酮症酸中毒和高渗昏迷。其主要特征是血糖、尿糖升高及糖耐量降低，并逐步表现出多饮、多食、多尿、体重减轻的"三多一少"典型症状，久之，相继伴有一系列并发症出现。

随着社会、科学的进步，人们生活水平的不断提高，膳食结构的改变，劳动强度的降低，应激状态的增多以及社会的老龄化，糖尿病患者急剧上升。糖尿病尤其是其并发症不仅影响患者的生活质量，严重者还可致残、致死，其死亡率仅次于肿瘤和心血管疾病，成为威胁人类生命的第三大疾病。

目前尚无根治糖尿病的方法，但通过多种治疗手段可以控制好糖尿病。如：糖尿病患者的教育、自我监测血糖、饮食治疗、运动和药物治疗等。此外糖尿病的一个重要病因被广泛公认，即胰岛素相对不足，使糖类的代谢紊乱，血糖升高，而导致糖尿病症状出现。所以，能够降低血糖，消除糖尿，促进胰岛细胞功能恢复，加强人体中葡萄糖的利用等便成为治疗糖尿病的基本目的和根本措施。

蜂蜜以甜著称，糖尿病患者都要回避甜食，这是人所共知的，也是广大糖尿病患者所牢记的。那么，糖尿病患者能否服食蜂蜜？是有利还是有弊？北京医院糖尿病研究小组在对有降血糖作用的中药筛选中，得到了确切证据的科学回答。通过对 50 种单味中药的降血糖筛选，有降血糖作用的中药 35 种，其中有 11 种降血糖效果明显，蜂蜜就是其中之一。因此，可以确切地说，蜂蜜虽甜但可治糖尿病。

现代科学研究发现，蜂蜜对糖尿病有较好的疗效。早在 1915 年达伟德曾报道，糖尿病患者服蜂蜜后，可使其酮尿症消失。20 世纪 50 年代开始出现蜂蜜治疗糖尿病单个病例的报道。20 世纪 60 ～ 70 年代出现了群体病例的观察和分析。20 世纪 80 年代已进入对并发症和蜂蜜作用机理的研究。据报道，英国糖尿病监测管理中心用蜂蜜治疗糖尿病病例已达到数十万人次，治愈率达 90% 以上，为此，英国医学界建议糖尿病患者吃蜂蜜。那么蜂蜜为什么能够治疗糖尿病？英国糖尿病监测管理中心主席威廉姆斯博士解释道，根据他的临床资料，从蜂蜜和蜂王浆中可以提出一种胰岛素样的物质，取名为"多肽–p"，对患糖尿病的动物和人做了近万次试验，证明其具有与胰岛素同样的药用功效。威廉姆斯博士还强调指出，英国糖尿病监测管理中心已经上书英国众议院，用"多肽–p"取代目前在全国广泛使用的胰岛素。

美国著名营养学家、诺贝尔医学奖获得者、马里兰大学理查何兰教授曾用非常审慎的观点在其研究报告中指出：患有糖尿病的人，对糖的摄取量和需要量高于正常人。他又指出：动脉硬化和严重的心血管疾病是由于"能量的过分消耗以至殆尽"促使糖尿病成为世界三大死亡疾病的主要原因。因此，他提出蜂蜜治疗糖尿病的论点。这个观点一提出，人们无法相信，连一些著名的医学权威也暗地里劝理查何兰教授趁早收回这一尚未引起灭顶之灾的观点。但真理永远是真理，经得起任何波折和检验。事实验证，一切生命都离不开糖，糖是人们生活中不可缺少的食物。人一离开母体来到世上就和糖结下了不解之缘，因为母亲的乳汁里就含有乳糖，每天吃的米、面、水果、蔬菜里面都含有糖。糖是人体的必需燃料，人体各组织、器官都在依靠糖氧化后产生的热量来维持活动，如呼吸、循环、泌尿、消化以及体温等都需要糖。糖这种人体必需的燃料，是人体能量的主要来源，人体活动的能量大约70%是靠糖来供应。可以说，没有糖，人的活动及生命就无法维持。

但人体摄入的各种糖除葡萄糖外都不能直接吸收利用，而是要在体内转变为葡萄糖，通过氧化，放出能量并被机体利用。所有的组织器官都需要完全依靠葡萄糖提供能量，如大脑每天需要 110 ~ 130 克葡萄糖；心肌不停地工作，更需要葡萄糖补偿能量的消耗。蜂蜜中的糖分主要是葡萄糖和果糖，特别是果糖较之葡萄糖能更好地为糖尿病患者所接受。果糖不受胰岛素作用的影响，有利于糖尿病患者能量的补充。用纯果糖做糖尿病孕妇患者口服试验，显著降低了死亡率。

（十）治疗高血压

高血压是持续血压过高的疾病，会引起中风、心脏病、血管瘤、肾衰竭等疾病。高血压是一种以动脉压升高为特征，可伴有心脏、血管、脑和肾脏等器官功能性或器质性改变的全身性疾病。高血压患者的死亡原因取决于以上并发症，故被称为现代文明社会人类的"隐形杀手"。

多种因素都可以引起血压升高。一种因素是心脏泵血能力加强（如心脏收缩力增加等），使每秒钟泵出血液增加。另一种因素是大动脉失去了正常弹性，变得僵硬，当心脏泵出血液时，不能有效扩张，因此，每次心搏泵出的血流通过比正常狭小的空间，导致压力升高。这就是高血压多发生在动脉粥样硬化导致动脉壁增厚和变得僵硬的老年人身上的原因。由于神经和血液中激素的刺激，全身小动脉可暂时性收缩，同样也引起血压的增高。可能导致血压升高的第三个因素是循环中液体容量增加。这常见于肾脏疾病，肾脏不能充分从体内排出钠盐和水分，体内血容量增加，导致血压增高。

相反，如果心脏泵血能力受限、血管扩张或过多的体液丢失，都可导致血压下降。这些因素主要是通过肾脏功能和自主神经系统（神经系统中自动地调节身体许多功能的部分）的变化来调控。

实践证明，蜂蜜确有控制血压的作用。在动物实验中，给狗静脉注射净化处理的蜂蜜，可引起冠状血管扩张，血压下降；但当血压下降时，蜂蜜却有升高血压的作用。蜂蜜之所以能引起血压下降，被认为是蜂蜜中乙酰胆碱的作用结果。1980年贝劳医学博士做过一次临床试验，他把高血压患者（24/13.3千帕即180/100毫米汞柱）分成两组，一组每晚鼻孔点滴蜂蜜，另一组每晚点滴安慰剂。结果，1周后点滴蜂蜜的患者，血压降至16/10.7千帕（120/80毫米汞柱），点滴安慰剂的，血压仍保持24/13.3千帕（180/100毫米汞柱）。蜂蜜之所以有这种作用，是因为蜂蜜对于间脑功能有促进效果，能产生使血压正常的自律调整作用。

（十一）治疗心脏病

心脏病是心脏疾病的总称，包括风湿性心脏病、先天性心脏病、高血压性心脏病、冠心病、心肌炎等各种心脏病。伟大的医学家阿维森纳认为，蜂蜜是治疗心脏病的良药，并推荐患有心脏病的人每天应服用适量的蜂蜜和石榴。近代医学研究表明，蜂蜜能营养心肌和改善心肌的代谢功能，并能扩张冠状动脉，所以能治疗心绞痛；蜂蜜有稀释血小板浓度的作用，防止血栓的形成，避免心脏病和中风的发生；蜂蜜还能为心脏提供所需的能量，因此蜂蜜对心脏病患者有良好的防治效果。M. B. Golomb、A. Raff等学者用实验证明：患有严重心脏病的人，在1~2个月内每天服用50~140克蜂蜜，病情可以明显改善，血液的成分正常化，血红蛋白含量增加，心血管紧张力加强。

（十二）治疗癌症

癌症，亦称恶性肿瘤，是由控制细胞生长增殖机制失常而引起的疾病。癌细胞除了生长失控外，还会局部侵入周遭正常组织甚至经由体内循环系统或淋巴系统转移到身体其他部分。癌症是一大类恶性肿瘤的统称。癌细胞的特点是无限制、无止境地增生，使患者体内的营养物质被大量消耗；癌细胞释放出多种毒素，使人体产生一系列症状；癌细胞还可转移到全身各处生长繁殖，导致人体消瘦、无力、贫血、食欲不振、发热以及严重的脏器功能受损等。

目前，癌症的治疗方法多采用外科手术、放射性物质照射治疗（放疗）、化学药物治疗（化疗）、中医药治疗等。研究和实践证明，蜂蜜对癌症有一定的防治作用。维也纳大学妇科诊所 Dr. PeterHernuss 与 6 位同事治疗 25 位子宫癌患者，在这期间她们接受放射治疗，15 位食用蜂蜜，剂量每次 20 克，每天 3 次；另 10 位则没有食用蜂蜜。实验结果显示，食用蜂蜜的癌症患者对放射性物质有较佳的耐受性。意大利的雷索尼博士用少量的白介素 −2 加上蜂蜜成分，用来治疗胃癌、肝癌和黑色素瘤有令人满意的效果。雷索尼博士在用放疗治疗脑癌时，5 名服用蜂蜜制品，10 名不服用。治疗 1 年后，同时服用蜂蜜制品的，4 名存活，1 名死亡；而不服用蜂蜜制品的 10 名全部死亡。雷索尼博士认为，蜂蜜制品有控制肿瘤生长的作用。在美国、日本、欧洲发达国家与地区都有很多人相信，只要大量正确饮用蜂蜜就能治疗癌症。

（十三）治疗感冒

感冒总体上分为普通感冒和流行感冒，一般我们所说的都是普通感冒。普通感冒，祖国医学称伤风，是由多种病毒引起的一种呼吸道常见病，其中30%～50%是由某种血清型的鼻病毒引起。普通感冒虽多发于初冬，但任何季节，如春天、夏天也可发生，不同季节的感冒的致病病毒并非完全一样。流行性感冒，是由流感病毒引起的急性呼吸道传染病。病毒存在于患者的呼吸道中，在患者咳嗽、打喷嚏时经飞沫传染给别人。普通感冒可分为急性鼻炎、病毒性咽炎、病毒性喉炎、病毒性支气管炎、咽结膜热、细菌性咽扁桃体炎等。

流行性感冒病毒，简称流感病毒，是一种造成人类及动物患流行性感冒的 RNA 病毒，在分类学上，流感病毒属于正黏液病毒科，它会造成急性上呼吸道感染，并借由空气迅速传播，在世界各地常会有周期性的大流行。流行性感冒病毒在免疫力较弱的老人或小孩及一些免疫失调的患者身上会引起较严重的症状，如肺炎或是心肺衰竭等。蜂蜜，能预防和治疗流行性感冒，特别是蜂蜜配合蜂王浆应用，能提高机体抵抗力，防御多数外来细菌和病毒的感染。

研究表明，蜂蜜含有综合性生物活性物质，对促进黏膜局部系统免疫功能，促进嗜中性白细胞吞噬细胞和巨噬细胞对病原微生物迅速发生吞噬现象。因此，人们经常服用25～30克蜂蜜，每天2～3次，能抑制病毒感染。美国医生贾尔维萨曾这样写道："当你们失去健康时，专用药物治疗，肯定会使病期延长，白白地浪费药剂。如果在疾病初期起，每天食用蜂蜜这种有营养价值的产品，能够补充大量的蛋白营养，这是最大的节约。"

实践还表明，每天咀嚼蜜脾 3 ~ 4 次，每次 15 分，能提高呼吸道黏膜局部免疫，促进抗病毒蛋白——干扰素合成，提高巨噬细胞的吞噬细胞活性。咀嚼蜜脾对预防流行性感冒及其他病毒感染非常有益。

俄罗斯民间医学，认为蜂蜜是治疗感冒的良好药物。蜂蜜与柠檬汁合用，即 1 克柠檬汁加 100 克蜂蜜；蜂蜜与牛奶合用，即 1 杯牛奶中加 1 食匙蜂蜜；蜂蜜与洋姜合用，两者重量之比为 1 ：1，是最常用的方法。蜂蜜无论是单独使用还是与其他药物合并应用，每天口服剂量均为 100 ~ 200 克，分 4 ~ 5 次口服。

（十四）治疗肝脏病

发生在肝脏的病变称为肝脏病，最常见的是肝炎，危害性极大。目前临床发现的肝炎可分为甲肝、乙肝、丙肝、丁肝、戊肝、庚肝，其中危害最大的是乙肝，称为病毒性乙型肝炎。我国属于乙肝高发区，每年因肝硬化和肝癌而死亡的人数达 30 万之多，并且感染乙型肝炎的人数占全国总人口的 1/2。据世界卫生组织的保守统计，全球共有 3.5 亿乙肝病毒携带者。因此，肝脏病是世界性的危害人类健康的疾病之一。

蜂蜜对肝脏病也有良好的疗效，有很好的保护肝脏的作用。日本秋田大学校长九岛胜司曾经让慢性肝炎、胃肠病、失眠症患者服用蜂蜜，结果使肝病患者食欲大增，肝脏的钝痛停止，体重平均增加 4 千克。

在临床实践中，通常每天服用 100 ~ 150 克蜂蜜，分 3 次服用，治疗肝病。但最理想的是将蜂蜜与蜂王浆合并用，效果更好，通常可将 100 克蜂蜜中配入 20 克左右蜂王浆，每天分 3 次服用，温开水送服。无论是黄疸型一致抑或无黄疸型肝炎患者，在服用蜂蜜王浆后，食欲不佳、肝区痛、黄疸、胃肠功能障碍等诸多症状，都能得到改善。

（十五）治疗哮喘

哮喘，是由多种细胞特别是肥大细胞、嗜酸性粒细胞和 T 淋巴细胞参与的慢性气道炎症，在易感者中此种炎症可引起反复发作的喘息、气促、胸闷和（或）咳嗽等症状，多在夜间和（或）凌晨发生，气道对多种刺激因子反应性增高。但症状可自行或经治疗缓解。近十余年来，美国、英国、澳大利亚、新西兰等国家哮喘患病率和死亡率有上升趋势，全世界约有 1 亿哮喘患者，哮喘已成为严重威胁公众健康的一种主要慢性疾病。我国哮喘的患病率约为 1%，儿童可达 3%，据测算，全国有 1 000 万以上哮喘患者。

目前当哮喘病发作时，不论使用任何药物治疗，都只是治标而不能治本。而耐心地坚持服用蜂蜜，能使自主神经功能逐渐恢复良好，自然地使哮喘病发作的机会就减少到最低程度，最终治愈，因此蜂蜜具有良好的治疗哮喘病的效用。保加利亚医生用吸入蜂蜜疗法治疗支气管哮喘，收到良好效果。其方法是：把 50 份蜂蜜稀释于 100 份蒸馏水中，装入特别的喷雾器内，雾化后供患者吸入。患者从鼻吸入，用嘴呼出，每次吸 20 分。根据病情每天吸 1 ~ 2 次，全疗程为 20 天。蜂蜜是新鲜而又未经加热的，最好用采自椴树或其他乔木的花蜜。据称这种疗法对支气管炎、气喘、咽炎、慢性鼻炎等疾病效果也很好。

（十六）治疗支气管炎

支气管炎是指气管、支气管黏膜及其周围组织的慢性非特异性炎症。支气管炎主要原因为病毒和细菌的反复感染形成了支气管的慢性非特异性炎症。气温下降、呼吸道小血管痉挛缺血、防御功能下降等会致病；烟雾粉尘、大气污染等慢性刺激也可发病；吸烟使支气管痉挛、黏膜变异、纤毛运动降低、黏液分泌增多，易于患病；过敏因素也有一定关系。蜂蜜有抗菌消炎、润肺、止咳等多种功能，对支气管炎有较好的疗效。

（十七）治疗咽炎

咽炎是咽黏膜、黏膜下及淋巴组织的急性炎症，常继发于急性鼻炎或急性扁桃体炎之后或为上呼吸道感染之一部分。亦常为全身疾病的局部表现或为急性传染病之前驱症状。蜂蜜具有抑菌消炎、散痛止痒等功效，治疗咽炎有良好效果。

（十八）治疗关节炎

关节炎泛指发生在人体关节及其周围组织的炎性疾病，临床表现为关节的红、肿、热、痛、功能障碍及关节畸形。临床常见的关节炎主要包括以下几种：类风湿性关节炎、骨关节炎、强直性脊柱炎、痛风性关节炎、反应性关节炎、感染性关节炎、创伤性关节炎、银屑病关节炎、肠病性关节炎、其他全身性疾病的关节表现，包括系统性红斑狼疮、肿瘤、血液病等。因此，天然营养食物不仅能帮助避免关节炎的发生，同时能改进关节炎的治疗。早在 1973 年 3 月《预防》杂志上，加利福尼亚州的

Desert Hot Spring地区的矫形外科医生Dr. Robert Bingham有篇报道指出，食物对治疗关节炎非常重要。他说，针对骨关节炎的病症，蛋白质和钙质的补充及维生素、微量元素的摄取对相应的激素有帮助。而针对风湿性关节炎患者，Dr. Robert Bingham说，必须改变饮食习惯，增加服用所有能减轻疼痛的食物，所有食物尽可能新鲜，因为生的天然的食物中含有充分的维生素、矿物质、激素与酶。Dr. Robert Bingham已在临床上实行此规则多年。

根据这一观点，蜂蜜对关节炎无疑具有良好的医疗效果。我国的临床实践也证实了这点。据湖南省浏阳市养蜂研究会肖越智等报道，半枫荷蜂蜜治关节炎效果好。半枫荷又叫半荷枫，因它的同株叶片有二形（一部分枫树叶，一部分荷树叶）而得名，学名树参，属五加科。根、茎、叶均可入药，具有祛风祛湿、活血散瘀、消肿止痛等功效，是治疗风湿、瘫痛、腰肌损伤、跌打损伤、瘀积肿痛和产后风瘫的特效药物之一。半枫荷蜂蜜也具有同样的功效。他们在2年内先后给淳口乡的历良来（男，48岁）、路口乡的肖秋交（女，51岁）、达浒乡的何远廷（男，38岁）等8例关节炎患者服用单一的半枫荷蜂蜜，除1例不够明显外，其余7例均使久治无效的关节炎病治愈。典型病例：肖秋交老人，患关节炎病3年多，有时痛得双脚下不了地，仅服用2.7千克半枫荷蜂蜜就痊愈了。服用方法：最好早、中、晚各服1次，每天食蜜量40～70克，以温凉茶水冲服。

（十九）治疗前列腺炎

前列腺炎是由多种复杂原因和诱因引起的与炎症、免疫和神经内分泌相关的病理变化。其临床表现多样，主要为尿道刺激症状和慢性盆腔疼痛，如排尿时有烧灼感、尿急、尿频、排尿疼痛，会阴、耻骨上区、腹股沟区、生殖器疼痛不适等。约50%的男性在一生中的某个时期会受到前列腺炎的影响，其中50岁以下的成年男性患病率较高。

近代称它为"魔力矿物质"、富含于蜂蜜中的矿物质之一的锌，对治疗前列腺炎有很好的效果。近年来，两位瑞典和三位德国的泌尿科医生用临床试验报告指出，纯蜂蜜可治疗前列腺疾病并有良好的效果，能使肿大的前列腺恢复正常大小，成功地解决了患者排尿的困扰。芝加哥医学院泌尿科主任 Dr. Lrving M. Bush 医师，以蜂蜜治疗前列腺发炎与肿大，治愈率达70%。Rutgers 大学 Dr. Joel Marmar 教授在40位前列腺患者中以锌（蜂蜜中）治疗治愈率也达85%。蜂蜜中之高锌含量就是蜂蜜对治疗前列腺疾病有良好效果的重要原因。瑞典科学家还发现蜂蜜中含有一种特殊成分，对前列腺有益，特别建议中老年人多吃蜂蜜，可以预防前列腺炎。

（二十）治疗前列腺增生

前列腺增生症，旧称前列腺肥大，是老年男子常见疾病之一，为前列腺的一种良性病变。其发病原因与人体内雄激素与雌激素的平衡失调有关。病变起源于后尿道黏膜下的中叶或侧叶的腺组织、结缔组织及平滑肌组织，形成混合性圆球状结节。以两侧叶和中叶增生为明显，突入膀胱或尿道内，压迫膀胱颈部或尿道，引起下尿路梗阻。前列腺增生引起梗阻时，膀胱逼尿肌增厚，黏膜出现小梁、小室和憩室。长期的排尿困难使膀胱高度扩张，膀胱壁变薄，膀胱内压增高，输尿管末端丧失其活瓣作用，产生膀胱输尿管反流。蜂蜜对前列腺增生有一定的治疗作用。据莆田市肿瘤防治院吴雅勇等报道，老年性前列腺肿大夜间尿频 4 例，经服用蜂蜜 1 周后，夜间小便 7 ~ 8 次降为 2 ~ 3 次，效果显著。

（二十一）治疗贫血

贫血是临床血液病中很常见的一组症状。1968 年，世界卫生组织提出，成年男性的血红蛋白低于 130 克 / 升、成年女性的血红蛋白低于 120 克 / 升者即可诊断为贫血。根据国内调查资料，诊断标准有些不同，即成年男性的血红蛋白低于 120 克 / 升或红细胞少于 4×10^{12} 个 / 升，成年女性的血红蛋白低于 105 克 / 升或红细胞少于 3.5×10^{12} 个 / 升者，可诊断为贫血。

临床实践表明，经常食用蜂蜜可以增加血液中血红蛋白的含量，每天食用 100 克蜂蜜，分 3 次空腹时服用，可以治疗贫血。根据美国新泽西州儿童卫生研究所发表的研究结果，患贫血症的儿童在 20 ~ 30 天的时间里，每昼夜食用被牛奶稀释的蜂蜜 100 ~ 150 克，会收到很好的治疗效果——患者血液内的红细胞和血红蛋白含量得以提高，使病人的头晕和疲劳症状消失，睡眠更好，容颜改观，贫血症治愈。蜂蜜和牛奶中都含有医治贫血症的铁等矿物质。美国新泽西州儿童卫生研究所所长舒斯特教授指出，蜂蜜的颜色愈深，所含的矿物质就愈多。例如，荞麦蜜与苜蓿蜜相比，前者所含的锰、铜等微量元素比后者要高出 24 倍。因此，选择颜色暗的蜂蜜治疗儿童贫血症效果更好。

（二十二）治疗肺结核

结核病是结核杆菌感染所引起的一种慢性传染病。可侵犯肺、肠道、肾、骨关节等全身各器官。肺是结核杆菌最易侵犯的器官，肺部结核称为肺结核。排菌患者为其重要的传染源，人类主要通过吸入带菌飞沫（结核病患者咳嗽、打喷嚏时散发）而感染。入侵呼吸道的结核菌被肺泡巨噬细胞吞噬。人体感染结核菌后不一定发病，当抵抗力降低或细胞介导的变态反应增高时，才可能引起临床发病。

许多世纪以来，民间医学已用蜂蜜和牛奶或动物油脂来治肺结核，取得一定疗效。蜂蜜有消炎、祛痰、止咳、润肺功能，肺结核患者可日服蜂蜜 50 ～ 70 克，坚持服用可润肺、止咳和缓解疼痛，同时还能使人体血红蛋白增加，血沉减慢，免疫力明显增强，从而使结核病症减轻。也可用蜂蜜浸泡花生仁 20 ～ 30 天后，早、晚空腹口服 1 ～ 2 汤勺蜂蜜和花生，久服可防治肺结核。

随着医药科学的不断发展，现在有更有效的药物用于治疗肺结核。但肺结核患者在接受现代医学的正规治疗的同时，多吃蜂蜜也是很有益的，如与蜂王浆同时服用，可收到更好的治疗效果。

（二十三）治疗神经系统疾病

苏联学者约里什在他的《蜂蜜的医疗效能》一书中指出：神经衰弱者，每天只要在睡前口服 1 勺蜂蜜就可以促进睡眠。约里什还报告蜂蜜对舞蹈病有很好的疗效，它可使患者头痛消失、改善睡眠情绪变得乐观，全身病症好转。中国、俄罗斯等传统医学认为蜂蜜有安神益智、改善睡眠之功效。

因此，蜂蜜具有治疗各种神经痛、肌肉痛和神经衰弱等功效。

（二十四）治疗妇科病

蜂蜜具有治疗妇科病的功效。最早阿拉伯人曾利用枣椰子花蜂蜜治疗不孕症，很有效，已证实蜂蜜中有类似性腺分泌的激素样物质，可促进女性的生殖力。维也纳一位妇科医师用蜂蜜治疗 29 ～ 59 岁的患有停经或未停经、月经失调、失眠、性冷淡等症状的女性患者，治疗不到 3 周已有 90% 的病患被治愈。美国一位妇科医生对痛经提出的治疗方法是：每晚睡前喝 1 杯加 1 勺蜂蜜的热牛奶，即可缓解甚至消除痛经之苦。研究表明，这主要得益于牛奶富含的钾、蜂蜜富含的镁，它们能缓和情绪，抑制疼痛，防止感染，并减少经期失血量。至于镁，则能使大脑中具有神经激素作用的活性物质维持在正常水平；在月经后期，镁元素还能起到心理调节作用，具有使身体放松、消除紧张心理、减轻压力的功效。此外，蜂蜜中所含维生素 B_6 能够稳定情绪，帮助睡眠，使人精力充沛，并能减轻腹部疼痛。

（二十五）治疗儿科病

蜂蜜不仅是儿童良好的天然营养品，还具有增强体质、防病治病、健脑益智的作用。实践证明，儿童常食蜂蜜不坏牙齿、不腹泻、不便秘、不感冒、睡眠好，是有益健康的美味营养品。古代首次报道把蜂蜜当作儿童营养品的时间是公元前 9 世纪，古埃及把蜂蜜作为学校学生的营养品。

现代医学同样也推崇把蜂蜜作为儿童的营养品。在蜂蜜的作用下，人体能更多地从牛奶中吸收钙和镁，从而促进骨骼和牙齿的正常发育。蜂蜜也是人体吸收铁元素的来源，因而能防治儿童贫血症。瑞士医生已成功地应用牛奶加蜂蜜的方法治疗贫血、肺病及神经系统疾患的儿童。

（二十六）治疗皮肤病

近代研究和临床实践表明，蜂蜜中含有的抑制细菌的活性物质，具有良好的治疗多种皮肤病的功效。我国用蜂蜜治疗皮肤病有悠久的历史。中医古书《全幼心鉴》记载："痘疹作痒难忍，抓破成疮，用百花膏（即蜂蜜）和以开水，时时以羽毛刷之，其疮自落，无瘢痕。"《济急方》记载："治疗肿恶毒，以蜂蜜和白葱研成膏，先刺破患部涂之。"唐代甄权《药性论》："治口中生疮，用蜂蜜浸大青叶含之。"

（二十七）治疗眼病

在古埃及和俄罗斯的民间医学中，在治疗眼疾的药物中蜂蜜占有重要的地位。在 1 世纪以前，很多学者就认为蜂蜜具有显著的治疗眼部的烫伤和炎症的功效。虽然后来出现了很多用于治疗眼部疾病的抗生素，但是蜂蜜仍有很大的利用价值。苏联鄂木斯克医学院曾用蜂毒结膜下注射，并用蜂蜜做结合膜内滴入的方法，治疗眼部疱疹获得了令人满意的治疗效果。此外，蜂蜜对结膜炎、角膜炎、角膜溃疡等均有治疗作用。通常用5%～10%蜜汁冲洗，或用细腻的植物油做基质配成30%蜂蜜眼膏涂于结膜囊内。

蜂蜜治疗角膜溃疡可能有两个途径：其一是蜂蜜杀灭或抑制细菌的繁殖；其二是能增强机体的防御能力，以及使网状内皮系统的吞噬能力加强。我国学者将5%的蜂蜜水溶液滴入结合膜内，用于治疗角膜溃疡，一般在用药 1 ~ 2 天后，溃疡即从进行性转为停止性，基底部变为清洁，角膜透明度增加，浸润边缘消失。

（二十八）美容养颜

目前，市场上有琳琅满目、数不胜数的美容化妆品，例如有貂油的、珍珠的、人参的……似乎越昂贵越高效，就愈受欢迎。殊不知，蜂蜜被誉为理想的天然美容剂，对人体的美容有特殊的效果，既能美容，又有保健功能。

1. 美化皮肤

通过长期实践，浙江省丽水农业局桑亦凤发现用蜂蜜做洗面剂，美容效果十分显著，坚持 1 周以上就能明显感觉到面部洁白细腻，自然红润，富有光泽，皱纹减少，肌肤无紧绷感、舒适自然，长期使用，效果尤其明显。

2. 消除皱纹

震声在《中国养蜂》（1998 年第 3 期）发表"蜂蜜加葡萄酒抹脸除皱效果佳"，文章记述：不久前，应蜂友之约到北京某部队一位老干部蜂迷家拜访，见面后发现老蜂迷夫妇都年近八旬了，却都脸色红润，脸部、手背皱纹较少，从面部看与实际年龄能小三十来岁，令人惊奇。请教这位老干部的养蜂过程后得知，他原先在装甲兵部队工作，因装甲兵部队驻地多在荒郊野外，养蜂条件好，从 20 世纪 60 年代初开始，他就喜欢业余养蜂，军务闲时，自己管蜂；军务忙时，夫人代劳。没养蜂之前，多种病患，身体几乎垮了，自养蜂之后，身体逐年好起来。他自认为身体的好转，主要是吃了大量的蜂蜜、雄蜂幼虫和蜂王浆，可谓"近水楼台先得月"，已显成效。问及皮肤怎么保养得这样好时，他介绍说：除了吃蜂产品外，秘密是擦抹自制的高级护肤品——"蜂蜜葡萄酒液"。其制法：0.5千克42波美度蜂蜜（刺槐蜜最好）对150克干红葡萄酒，摇匀密封好，每天早起洗脸后和晚上临睡前各擦抹手、脸1次。这位老干部介绍说："这种蜜酒护肤液除皱效果极佳，坚持擦涂半个月即可见效。"

3. 除老年斑

老年斑是指许多老年人的体表尤其是脸部及手背等布满了点点的"褐斑"，这是体内自由基作用的结果。据《老年报》（1999年4月17日）报道，蜂蜜生姜水除老年斑效果好。饮用蜂蜜生姜水，脸部和手背等处的老年斑就会明显改变，或消失，或程度不同地缩小，或颜色变浅，而且不会有继续生长的迹象。服用方法是：取蜂蜜1 000克，生姜500克。将生姜切片，每次放入杯中5片，加入滚开水，稍凉后加入蜂蜜2汤勺，饮用。

4. 美发

可以用蜂蜜洗发，使头发光亮而富有弹性，并能保持头发自然有型。更重要的是蜂蜜还能促进损伤的头发再生。埃及女王克丽奥佩特拉在她所处的时代以惊人的美貌和智慧而著称于世。后来，考古学家在埃及阿斯旺省附近的帝王谷，发掘出一块刻满象形文字的石碑。据考证，石碑上记述的是埃及女王克丽奥佩特拉的美容方法，其中有两条是蜂蜜美发的配方：一是护发素，将1勺蜂蜜与半杯牛奶混在一起，洗完头后用这种混合液在头上摩擦，过15分后再洗掉，头发将变得光亮；二是定型发啫喱，洗完头发后，把蜂蜜1勺浇在上面，可使头发油黑发亮。

5. 蜂蜜美容的特点

一是美容效果好。蜂蜜能使皮肤细胞滋生，外用可被表皮细胞所吸收，从而增强了表皮细胞的活力，促进皮肤细胞的新陈代谢，改善皮肤的营养状况，可使皮肤洁白细腻，保持自然红润、白嫩；消除和减少皱纹，可以有效防止皮肤衰老。

二是美容范围广。通常人们所认为的美容具有一定的局限性，仅仅认为皮肤白嫩，没有皱纹就是美容。实际上影响美容的因素很多，如人的精神状态、身体是否健康等。而用蜂蜜作为美容剂，可起到意想不到的效果，特别是在外用的同时口服食用，能起到更好的美容效果，不仅可使皮肤洁白、细嫩、有弹性，消除皱纹，还可防治青春痘、褐斑、雀斑、老年斑等皮肤疾患；还可使大便畅通，防止便秘；还能改善睡眠、人的精神状态及情绪等，故又称蜂蜜为内服美容剂。

三是无毒副作用。当今，化妆品种类繁多，但化妆品中毒却屡见不鲜。特别是化学制品有时容易引起皮肤刺激过敏和皮肤色素加深，其副作用难以预测和控制，被称之为"时髦病"的就是化学化妆品中毒所致。天然蜂蜜用来化妆美容，对人体有益无害，因为蜂蜜不含任何有害物。

四是既美容又保健。蜂蜜之所以被称为理想的天然美容剂，是因为蜂蜜不仅可用来化妆美容，而且还有医疗保健作用，如可以抗菌消炎、保护创伤表面，对皮炎、手足皲裂、唇炎、口腔炎、冻伤、烫伤等疾患有疗效，还可以抗衰老，延年益寿。

五是取材容易，价格低廉。我国是世界上蜂蜜生产和出口大国，全国各地蜂产品商店均可买到，其价格与化妆品相比非常便宜，是真正的物美价廉。

6. 常用蜂蜜美容方法

方法一：将蜂蜜加 2 ~ 3 倍水稀释后，每天涂敷面部，并进行按摩。此法可使皮肤光洁细嫩，减少皱纹。

方法二：蜂蜜 50 克，鸡蛋清 1 个，两者搅拌均匀，睡前用干净的软刷子将其涂刷在面部，其间可进行按摩，刺激皮肤细胞，促进血液循环，约 30 分自然风干后，用清水洗净。用此法每周 2 次，能紧缩面部皮肤，消除皱纹，洁净、增白皮肤。

方法三：蜂蜜 1 份、酸奶 1 份，加面粉适量制成面膏，敷于脸面及脖子上，待干透后，再用温湿毛巾轻擦洗净。此法可使皮肤清洁细嫩，减少皱纹。

方法四：蜂蜜 1 匙，葡萄汁 1 匙，两者搅拌均匀并同时加入适量面粉，调匀后敷面，20 分后用清水洗去。此法可使油性皮肤变得滑润、柔嫩。

方法五：蜂蜜 50 克、白酒 15 毫升、面粉 50 克，三者混合调匀制成面膏，使用时将其涂擦在脸和脖子上，保持 20 分后用清水洗净，并加以按摩 15 分。此法有滋润皮肤、预防干裂、改善皮肤营养状况等作用。

方法六：蜂蜜 2 份，橄榄油 1 份，二者混合均匀后加热至 37℃左右，然后用纱布块浸湿后覆盖在脸上，20 分后用清水洗净。此法长期使用有防止皮肤衰老、润肤祛斑、消除皱纹之功效，皮肤干燥者尤为适宜。

方法七：蜂蜜 1 份，隔水加热对入等量柠檬汁调匀后，均匀涂于面部，保持 30 分后用清水洗净。此法可使皮肤滋润、细嫩，并能收紧松弛的皮肤。

方法八：蜂蜜 1 匙，燕麦粉 1 匙，鸡蛋黄 1 个，将蜂蜜加热变稀后，一滴一滴注入蛋黄中，同时不断拌入燕麦粉。洗净皮肤后，将拌匀的混合液涂在皮肤上，30分后用清水洗净。此法对干性皮肤美容效果较好。

方法九：将苦瓜捣烂取汁，加入适量蜂蜜和鸡蛋清搅拌均匀后涂颜面，可使肌肤洁白、细嫩，富有弹性。此法适用于痤疮性皮肤患者。

方法十：将1匙蜂蜜放入半杯牛奶中，混合均匀，洗完发后用此混合液摩擦头发，15分后再冲洗头发，可使头发变得更加光亮。

（二十九）治疗其他疾病

1. 口腔溃疡

在晚餐后将口腔洗漱干净，取1勺高浓度的成熟蜂蜜敷在溃疡面上，含几分钟后咽下，每天重复2～3次，可有效治疗口腔溃疡，连续几天就可治愈。

2. 过敏反应

法国陆军的亚德里医生在治疗过敏反应的临床实践中得出这样的结论："曾经使用任何维生素的注射液都无效，而只有蜂蜜能治愈过敏性反应。"如用蜂蜜治疗平均病史23年的21例花粉过敏症，在发病季节前让病人每天服用未加热的蜂蜜10～20克，有效率为76%，病史较长的病例效果尤佳，因此蜂蜜具有良好的防过敏效用。

3. 快速醒酒

人喝醉酒之后，会出现头痛、头晕、反胃、发热等难受的症状。大量饮酒的人曾试过多种办法快速醒酒，但效果均不理想，最近一项新的研究显示，美国国家头痛研究基金会的研究人员终于找到一种解除大量饮酒后头痛感的最佳办法——喝蜂蜜。负责该项研究的梅勒·戴蒙博士认为："蜂蜜成分中含有一种大多数水果中不含有的果糖，它可以促进酒精的分解吸收，减轻头痛症状，尤其是红酒引起的头痛。"研究人员还指出，快速醒酒的其他办法还包括饮用由蜂蜜、柠檬及茶混合在一起的一种热饮，但总体而言，蜂蜜的醒酒作用最为显著。

我国民间的实践也证明，蜂蜜有较明显的预防和治疗醉酒的作用。方法是取新鲜蜂蜜 30 ~ 50 克，温开水冲服，饮酒前饮用可预防醉酒，酒后饮用可解酒、醒酒。

4. 疝气

河南省民权县程庄镇小胡庄胡彦居（2001）报道，他家祖传蜂蜜秘方治疗疝气效果很好，经数百名患者试用，能治各种疝气病，不住院，不手术，无痛苦。药方：蜂蜜 50 克，铁篱寨果（中药）50 克。制法：将铁篱寨果洗净，捣烂放进 1 000 克清水中，用砂锅煎剩 500 克左右时，倒出药液，再把蜂蜜放进药液中搅匀。服法：每天早、晚空腹趁热服用，每次服 500 克左右（儿童减半），每天 2 次。晚上服药后，最好盖被发汗。一般患者 7 天即愈，重者 10 ~ 15 天痊愈。

5. 除烟瘾

吸烟对人体健康危害极大，因此，越来越多的吸烟人都在寻求有效的戒烟办法。据贝鲁特出版的《阿拉伯医学的秘密》介绍：取西瓜 1 个，切成两半，挖松其中半个西瓜的瓜瓤直至瓜皮，再把 400 克纯蜂蜜倒入挖松的瓜瓤内，最后放入烤箱内用 150℃的温度烤 2 分，冷却后即可食用。每天食 1 汤勺，连食 1 周可除烟瘾。

6. 防晕车

研究发现食用蜂蜜对晕车有良好的预防效果，这就解决了许多乘车人晕车的痛苦。据湖南省沅陵县溪口乡卢家湾村上湾张致军介绍：他乘车经常会晕车，服晕车药也无效果。后采用在每次乘车前半小时喝几口蜂蜜，结果再没有晕车了。他将此法告诉许多晕车的朋友，都收到同样的效果。

7. 治甲沟炎

指甲的生长部称甲基质或甲根，被皮肤覆盖。指甲的两侧与皮肤皱褶相接，形成甲沟。甲沟炎即指甲板两侧与皮肤皱褶结合部的化脓性感染，是临床常见的指（趾）部感染性疾病之一。用蜂蜜治疗甲沟化脓效果好。据《北京晚报》（1993 年 1 月 4 日）报道，患者胡建华曾患甲沟感染化脓，虽每天换药包扎 1 个月，伤口始终不好，便改用棉签蘸蜂蜜涂抹伤处，不包扎，几天下来，脓干瘪，疼痛消失，伤口长好而愈。

8. 术后康复

手术后的患者一般需要补充含有高热量及丰富维生素的食品，蜂蜜中含有大量的糖和多种维生素，能促进伤口的愈合。特别是对于上颌颜面手术后的患者，更应该多食蜂蜜，因为这类患者是不能咀嚼的，此时口服蜂蜜要比静脉滴流葡萄糖和盐水好得多。给患者口服蜂蜜与水果蔬菜汁等混合物效果更好，因为这样不但供给了患者足够的热量，而且又能满足伤口修复所需要的各种维生素。

（三十）不同蜜源蜂蜜的医疗保健功效

来自不同蜜源植物的蜂蜜存在很大差异，它们不但在颜色、香味以及口感上存在差异，更重要的是蜂蜜中的一些成分的组合变化也不同。这种变化表现在两个方面，一是数量上的变化，如因花种不同，果糖和葡萄糖的比例也不相同（一般蜂蜜果糖高于葡萄糖）；二是内含物种类的变化，各种蜜源植物分泌的花蜜尚含有这种植物所具有的特殊成分，这种成分在临床作为药用时，尤为突出。唐代《本草拾遗》中记载："宣州有黄连蜜，色黄味苦，主目热……"而湖北神农架所产的党参蜜等亦具有和原植物相同的药用功效。研究表明，荞麦蜜中含有血色素形成所必需的元素铁和铜；薄荷蜜中具有助消化、镇痛、解除胃肠障碍等功效的挥发油；刺槐蜜对心血管病有防治作用等。随着人们认识的不断深化，单花种蜜的独特治疗作用，必然在应用上有更进一步的发展。在临床上，单花种蜜将开拓出新的应用天地。

1. 枇杷蜜

枇杷蜜堪称蜜中佳品，其性甘凉，具有润肺祛痰、止咳定喘的功效。对于肺燥、虚劳咳嗽、痰多、胸闷、饮酒过多、喉痒干咳、声音沙哑等效果均佳，并有清润血液、保持血流平衡、降低血压、清泻通便、防治痔疮等功效。

2. 半枫荷蜜

半枫荷又叫半荷枫，学名树参，五加科。根、茎、叶均可入药，具有祛风祛湿、活血散瘀、消肿止痛等功效，是治疗风湿、痹痛、腰肌劳损、跌打损伤、瘀积肿痛和产后风瘫的特效药物之一，半枫荷蜂蜜也具有同样的功效。

3. 梨花蜜

梨花蜜性甘凉，有生津止渴、止咳化痰、润肺清热作用，能养阴润燥、散结通肠、涤热息风、降火生津。宜用于痰喘气急、痰热昏燥之人。

4. 槐花蜜

槐花蜜性清凉，有舒张血管、改善血液循环、防止血管硬化、降低血压等作用。临睡前服用能降低中枢神经的兴奋性，起到无害催眠剂的作用。常服此种蜂蜜能改善人的情绪，达到安心安神的效果。

5. 荞麦蜜

荞麦蜜性平甘寒，有降气宽肠、清热解毒的作用。该蜜富刺激性气味，蛋白质和铁的含量高，且含有芸香甙，故能增强血管壁的弹性，有防治高血压的作用，并对预防脑溢血的发生有积极意义；同时也是防治贫血症、肾脏病的良药。

6. 紫云英蜜

紫云英蜜性甘平，有益于消化系统病变者，能减轻胃部灼热感，消除恶心反胃，缓解胃肠黏膜炎症病变的刺激，帮助食物消化与促进溃疡的愈合。

7. 向日葵蜜

向日葵蜜性甘淡，蜜中含有槲皮黄甙、三萜皂甙、向日皂甙，其甙元是齐墩果酸，花粉含有甾醇，具有扩张血管与短暂降压的作用，并可增强机体免疫力。该蜜对高血脂及慢性高胆固醇血症都有一定的防治功效。

8. 椴树蜜

椴树蜜性甘温，能增强体质，改善情绪，降低中枢神经兴奋性，维护脑细胞功能。

9. 黄连蜜

黄连蜜古为皇家贡品，今为民间珍馐。药书记载：黄连性苦寒，清热燥湿，爽心除烦，泻火解毒，其蜜与之同功，治疗痢疾、毒疮皆有良好功效。

10. 枸杞蜜

因为数量极少而显珍贵，含枸杞之精华，具有补气、滋肾、润肺、壮阳之功效。

11. 党参蜜

党参蜜系蜜中上品，具有补脾胃、益气血之功效，是中老年人的滋补强身佳品。

12. 龙眼蜜

龙眼蜜有浓烈的龙眼肉味，在单花蜜中其蛋白质含量最高，有健脾补血、清神益智的功效。

13. 银杏蜜

银杏蜜含有银杏酮、银杏苦内酯等有效成分。银杏酮是血管扩张剂，能治疗心血管疾病、冠心病、心肌梗死和脑缺血等疾病；银杏苦内酯是血小板活化因子的抵抗剂，可以抗凝血，防止血栓形成。

14. 桂花蜜

桂花蜜又称山桂花蜜或野桂花蜜，清亮透明，气息清香，味道鲜美甜润，非常爽口，被誉为"蜜中之王"。它能清热解毒，加醋可以减肥，拌奶可以润肤。

15. 玉米花蜜

玉米花蜜性甘平，有调中开胃、降压利尿作用。能促进胆汁分泌，降低血脂，并能增加肝糖的储存，改善组织的新陈代谢状况，增强肾脏功能、减少蛋白尿的生成，还可作为膀胱炎、尿道炎患者治疗用药期间的辅助食品。

16. 益母草蜜

益母草蜜具有与常见的妇科用中药"益母草膏"相似的医疗保健作用，能活血调经、利水消肿、凉血消疹。主治月经不调、痛经、产后恶露不尽；亦适用于水肿、小便不利、疹痒赤热等症，并具有独特的美容功能。

17. 枣花蜜

枣花蜜营养丰富，维生素C含量高，有补中益气、养血安神之功效，主治中气不足、脾胃虚弱、贫血、体倦乏力、妇女脏燥。

18. 薄荷蜜

薄荷蜜辛凉解表，可疏散风热、清咽利喉、疏解肝郁。主治风热感冒、温病初起、咽喉肿痛、口舌生疮、胸脘胀痛等症。

19. 五倍子蜜

五倍子蜜补气安神、健肺止汗。主治肺虚气短、睡不安神、自汗盗汗、遗精滑精等症。

20. 柑橘蜜

柑橘蜜燥湿化痰，理气调中。主治咳嗽痰多、胸脘胀气、大便溏泻。

21. 蒲公英蜜

蒲公英蜜清热解毒、消痈。主治疮疡肿痛、乳痈肿痛、肺痈肠痈等症。

此外，对咽喉炎症、肝胆疾患及尿路感染有治疗作用。

22. 野菊花蜜

清热解毒。主治痈肿疔毒、咽喉肿痛、风火目赤等症。

23. 山楂蜜

消食化积、活血化瘀。主治食积停滞、消化不良。

24. 胡萝卜花蜜

胡萝卜花蜜性甘淡，因含较多的 B 族维生素与维生素 A，故对角膜干燥症和夜盲症非常有益。

25. 油菜蜜

此蜜因蜜源广泛，产量多，可谓大众化蜂蜜。其性甘温，有清热润燥、散血、消肿作用。常用于肝胆系统病变患者及脾胃虚弱者，疗疮热疖患者食之相宜。

延伸阅读

蜂蜜的种类繁多，都有祛病强身之效，不同品种的蜂蜜具有不同的适应人群，经常食用适合自己身体的蜂蜜品种，对健康定有裨益。保加利亚食疗专家认为，具体应用时还得对症用蜜，这样才有明显疗效，因为蜂蜜品质不同，适应证也有差别。这位专家指出，就蜂蜜的色泽而言，深色的蜂蜜含有丰富的矿物质和微量元素，能增强体质，提高免疫功能，适合每一个人用，而浅色蜂蜜则对改善消化系统功能和缓解器官炎症大有裨益。

就各种蜂蜜对疾病治疗而言，一般来讲，取决于蜜源植物的疗效，而不是蜂蜜本身。比如维生素缺乏者宜服薄荷蜜、松林蜜；心血管和精神病患者宜服薰衣草蜜、山间蜜、缬草蜜、薄荷蜜、槐树蜜、栗树蜜；贫血和身体虚弱者宜服松林蜜；肠胃病、肾病、肝病患者宜服栗树蜜、草场蜜、槐树蜜、薰衣草蜜；妇科病患者宜服百里香蜜和草场蜜；失眠者宜服槐花蜜；呼吸道疾病患者宜服松林蜜、椴树蜜、山间蜜、百里香蜜、牛至蜜；感冒者则宜服松林蜜和椴树蜜。这位专家还指出，用于治疗疾病所服用的蜂蜜，也应该像用药一样掌握一定的剂量，通常以每千克体重每天服蜜 1 克为宜。

专题六

蜂蜜医疗保健和美容应用验方

    自古以来，蜂蜜被认为是一种极好的食品和药品，在历代文献中有很多记载。蜂蜜单独服用可以起到美容养颜、强身健体等功效，与其他食材、药材相配合，不仅可以更好地保留蜂蜜的天然保健特性，还可以促进其他物质中的功能成分有效发挥，起到相互补充、加强功效的作用，功效更强。我国民间历来有用蜂蜜验方的传统和习惯，积累了很多以蜂蜜为主要成分的验方。验方从表面上看不在古代医书上，而是民间流传的，但是临床却有很好的疗效。其实中医里的处方绝大多数来自民间，只是后来由医生加以整理、总结、验证，从而被流传下来。在这里收集整理部分蜂蜜验方，做简要介绍。

一、蜂蜜养颜美容验方

（一）蜂蜜乌发秀发

1. 蜂蜜龙眼肉

功效：预防和治疗斑秃，适用于脱发及斑秃者。

配方：蜂蜜 50 克，龙眼肉 400 克。

制作与用法：将龙眼肉加适量水炖熟，对入蜂蜜即成。每天早、晚分 2 次服下，每天 1 剂。

2. 蜂蜜丁香汁

功效：营养皮肤、促生黑发，适用于零星白发者。

配方：蜂蜜 20 克，丁香汁 20 克。

制作与用法：将蜂蜜与丁香汁调匀即成。拔除白发，在拔除部位涂上蜂蜜、丁香混合液，生出的新发是黑色的。

3. 蜂蜜橄榄油

功效：可使头发柔软、润泽，有助黄发、白发变黑。

配方：蜂蜜 100 克，橄榄油 60 克。

制作与用法：将蜂蜜与橄榄油调和均匀即可。洗头前取少许混合液抹擦到头发上，保持 30 分，然后用清水洗头，每 3 ~ 5 天 1 次。

4. 蜂蜜桑葚膏

功效：补中理气、养血安神、乌发养颜，适用于须发早白者。

配方：蜂蜜、桑葚各 300 克。

制作与用法：榨取桑葚汁，文火熬成膏，加蜂蜜调匀。每天 1 次，每次 30 ~ 40 毫升。

5. 蜂蜜黄瓜

功效：可防止头发脱落，并有美容保健之功效。

配方：蜂蜜 100 克，黄瓜 300 克。

制作与用法：将黄瓜洗净切片，浸入蜂蜜中，1 天后分 2 次食用，每天 1 剂，坚持服 1 个月以上。

6. 蜂蜜强发丸

功效：常用该丸可使头发由白变黑，润亮有柔性，对老年白发有效。

配方：蜂蜜 50 克，嫩桑枝叶 120 克。

制作与用法：取较嫩的桑枝和叶子，晒干后研成末，调入蜂蜜，炼至 100℃制成丸，每丸重 20 克。每天早、晚各服 1 次，每次 1 丸。

7. 蜂蜜芝麻糊

功效：养发生发，适用于脱发再生。

配方：蜂蜜 50 克，白芝麻 100 克。

制作与用法：将白芝麻炒熟焙干，研成细末，加蜂蜜调成糊状，即成。用其涂抹脱发处头皮，以遍布均匀为宜，并轻轻按摩一会儿，每天 2 ~ 3 次。

8. 蜂蜜梧桐子汁

功效：适用于白发和少发。

配方：蜂蜜、梧桐子各适量。

制作与用法：将梧桐子榨汁，与蜂蜜调匀。将白发拔去，用以上混合剂涂抹发根部及头皮，轻轻按摩头部效果更好。

9. 蜂浆蜜霜

功效：适用于眉毛色浅。

配方：蜂蜜、蜂王浆各1克。

制作与用法：将蜂蜜、蜂王浆混匀，每晚涂抹眉毛部位，翌日早晨洗去。

10. 蜂蜜洗发液

功效：养发，可使头发变得秀丽光亮。

配方：蜂蜜10克，鲜牛奶15毫升。

制作与用法：将蜂蜜与鲜牛奶混合，调匀。洗发后将蜂蜜混合液洒在头发上，用手轻轻摩擦头发和头皮，10分后用清水洗去，每3天1次。

11. 蜂蜜生发液

功效：有杀虫生发之功效，适用于发根蠕虫病患者，可促使头发再生。

配方：蜂蜜60克，椿树嫩枝150克。

制作与用法：将椿树嫩枝捣烂，榨取其汁，对入蜂蜜中调匀。用时涂于脱发、秃发处，每天2次。

12. 蜂蜜大蒜糊

功效：生发，适用于脱发。

配方：蜂蜜30克，大蒜2头。

制作与用法：将大蒜捣烂，与蜂蜜调成糊状，擦脱发处头皮，每天1~2次。

13. 蜂蜜洋葱生发膏

功效：适用于脱发。

配方：蜂蜜 50 克，洋葱 200 克。

制作与用法：将洋葱洗净捣烂，挤滤其汁液，与蜂蜜调和均匀，即成。将药膏涂抹到脱发处头皮上，轻轻搓揉一会儿，30 分后洗去，每 3 天 1 次。

14. 蜂蜜乌眉

功效：适用于脱眉、少眉和眉毛发黄者。

配方：蜂蜜适量。

制作与用法：用手指甲轻轻挠眉部，使之充血发红，涂抹蜂蜜，可助生黑眉。

（二）护肤祛斑

1. 蜂蜜白附子膏

功效：增白祛斑，适用于面部有黑斑者。

配方：蜂蜜 50 克，白附子 75 克。

制作与用法：将白附子研制成末，加入蜂蜜调匀即成。睡前洗脸后以温毛巾将脸面捂一会儿，随即涂以药膏，保持一夜，第二天清晨洗去。

2. 蜂蜜荔枝汁

功效：补中润燥，适用于气虚血亏所致面色萎黄、皮肤干枯者。

配方：蜂蜜 200 克，鲜荔枝汁 200 克。

制作与用法：榨取荔枝汁与蜂蜜调和，文火煎浓，冷存成膏。温水冲饮或做酱蘸面包食用，每天 50 ~ 80 克。

3. 蜂蜜茯苓膏

功效：适用于面色黑黄、气色不佳及面部有雀斑者。

配方：蜂蜜 50 克，白茯苓 40 克。

制作与用法：将白茯苓焙干，研制成细末，对入蜂蜜调制成膏。睡前洗脸后将药膏涂于面部，第二天清晨洗去，每天 1 次。

4. 蜂蜜玉竹饮

功效：适用于皮肤干燥、面黄及口干舌燥。

配方：蜂蜜 100 克，玉竹 400 克。

制作与用法：把玉竹切成小块，加水煎煮 3 次，滤除竹渣，其汁对入蜂蜜，文火浓缩成膏。每天早、晚空腹服用，每次 30 克，温开水冲服。

5. 蜂蜜薏苡仁粉

功效：改善皮肤质量，有养肤增白之功。

配方：蜂蜜 50 克，薏苡仁粉 50 克。

制作与用法：将薏苡仁粉与蜂蜜调匀即成。每天饭前各服 1 次，每次 10 ~ 15 克，温开水送服。

6. 蜂蜜猪油膏

功效：适用于手足皲裂或脱屑等症。

配方：蜂蜜 35 克，熟猪油 40 克。

制作与用法：将猪油放锅内熔化、煎沸，油温 40℃时调入蜂蜜，冷却后成膏。睡前将患处用温水洗净，涂上蜂蜜猪油膏。

7. 蜂蜜浮萍膏

功效：适用于面部有雀斑、粉刺者。

配方：蜂蜜、青浮萍各 150 克。

制作与用法：将青浮萍洗净晒干研成粉末，加入蜂蜜调成软膏。睡前洗脸后以软膏涂面，第二天清晨洗去。

8. 蜂蜜茉莉子

功效：健肤、祛斑，适用于面部有粉刺、雀斑者。

配方：白蜂蜜 35 克，紫茉莉子 30 克。

制作与用法：将紫茉莉子去壳，研成细末，加入蜂蜜调成膏状即成。早、晚洗脸后，涂于患处。

9. 蜂蜜大白菜

功效：营养肌肤、消除暗疮。

配方：蜂蜜 45 克，大白菜叶 2 片。

制作与用法：将白菜叶捣烂，榨取其汁加入蜂蜜即成。用棉球蘸混合液，涂抹在面部，同时伴以面部按摩，20 分后洗去。

10. 蜂蜜萱草花膏

功效：有润肤、美容、白面作用，还可消除粉刺。

配方：蜂蜜 30 克，干萱草花 100 克。

制作与用法：将干萱草花研成细末，与蜂蜜调匀成膏状即成。每天早晨洗面后，用药膏涂脸部。

11. 蜂蜜生姜

功效：长期饮用可预防和治疗老年斑。

配方：蜂蜜 1 000 克，生姜 500 克。

制作与用法：将生姜切片，每次放入杯中 5 片，加入沸水，稍凉后加蜂蜜 2 汤勺，饮用。

（三）蜂蜜美容

1. 蜂蜜消斑膏

功效：润肤祛斑。适用于面部雀斑。

配方：蜂蜜适量，紫茉莉子 30 克。

制作与用法：将紫茉莉子剥去外壳，取仁研为极细末，加入蜂蜜调成膏状，洗脸后取蜜膏敷于面部。每天 3 次。

2. 蜂蜜鸡蛋面膜

功效：润肤除皱，驻颜美容。

配方：白蜂蜜 20 克，鸡蛋清 1 个。

制作与用法：取鸡蛋清放碗中搅动至起泡，加入蜂蜜调匀即成。洗浴后将面膜均匀地涂抹在面部和手上，使其自然风干，30 分后用清水洗净，每周 2 次。同时伴以按摩，可刺激皮肤细胞加快养分吸收，促进血液循环，可增强美容效果。

3. 蜂蜜面膜

功效：营养滋润皮肤，可使皮肤光泽细嫩，减少皱纹，并能收紧松弛的皮肤，还可以防治皮肤粗糙、黄褐斑、老年斑等症。

配方：纯蜂蜜。

制作与用法：将蜂蜜对 2～3 倍的凉开水稀释调匀即成。早、晚以温水洗脸后，均匀涂抹于脸部，20 分后洗去。

4. 蜂蜜西红柿膏

功效：可使皮肤强健、滑润、细嫩、白皙、富有光泽。

配方：蜂蜜、西红柿各 200 克。

制作与用法：将西红柿洗净，捣烂榨汁，把汁对入蜂蜜中调匀。洗脸后均匀涂于面部，每 2 天 1 次。

5. 蜂蜜橄榄油面膜

功效：防止皮肤衰老、消除皱纹、润肤祛斑，皮肤干燥者尤为适宜。

配方：蜂蜜 100 克，橄榄油 50 克。

制作与用法：将蜂蜜与橄榄油混合，加热至 40℃，搅拌，使之充分混合均匀。应用时将其涂抹到纱布上，覆盖于面部，20 分后揭去洗净，每周 2～3 次，长期使用。

6. 蜂蜜净面膏

功效：净面、护肤、美容、杀菌，可使皮肤柔嫩。

配方：蜂蜜 100 克，酒精 25 克，水 25 克。

制作与用法：将蜂蜜、酒精、水混合均匀即成。洗脸拭干后，将净面膏涂抹于面部，保持 15 分，温水洗去。

7. 蜂蜜增白润肤剂

功效：润肤，悦颜，增白。

配方：白蜂蜜 50 克，天门冬 50 克。

制作与用法：将天门冬捣烂，加蜂蜜调匀，备用。每天晚上临睡前洗脸后涂于脸面，第二天早晨洗净。

8. 蜂蜜柠檬面膜

功效：可促使皮肤白嫩。

配方：蜂蜜 10 克，柠檬汁 10 毫升。

制作与用法：将蜂蜜隔水加热至 60℃，对入柠檬汁调匀即可。洗脸后均匀涂于面部，20 ~ 30 分后洗去，每天 1 次。

9. 蜂蜜落葵子膏

功效：适用于面色清淡无光泽、皮肤粗糙不光洁者。

配方：蜂蜜 50 克，落葵子 80 克。

制作与用法：将落葵子蒸熟，晒干，脱皮，研成细末，加入蜂蜜调匀。每晚睡前涂抹到脸上，保持一夜，第二天清晨洗去，每天 1 次。

10. 蜂蜜荔枝汁

功效：养血生津，理气止痛，悦色润肤。适用于气血亏虚所致的面色萎黄、皮肤干燥等。

配方：蜂蜜 500 克，鲜荔枝汁 500 毫升。

制作与用法：将鲜荔枝汁、蜂蜜放入锅中搅匀煮沸，稍冷后置广口瓶中，封口，放置约 40 天结成膏状。可加水冲饮，或蘸面包、馒头食用。

11. 蜂蜜干红葡萄酒

功效：适用于润肤养肤、除皱美容、养颜悦色。

配方：蜂蜜 50 克，干红葡萄酒 15 毫升。

制作与用法：将蜂蜜与干红葡萄酒混合，调匀即成。每天早、晚洗脸后用来涂抹脸、手。

12. 蜂蜜西瓜

功效：清热解暑，除烦止渴，护肤美容。

配方：蜂蜜 200 克，西瓜 1 个（约 3 000 克）。

制作与用法：选熟西瓜从蒂处割开一个口，用竹筷将瓜瓤捣许多孔，灌入蜂蜜陈放几小时，连瓜带蜜同食，每 1 ~ 2 天 1 剂。

13. 蜂蜜减肥膏

功效：有活血化滞、消脂减肥之功效，适用于肥胖者。

配方：蜂蜜 200 克，山楂 500 克。

制作与用法：将山楂洗净去柄、除核，在锅内加水适量煮熟，待汁液将干时加入蜂蜜，小火煮至汁稠时即可服用。每天早、晚各服 1 次，每次 25 ~ 30 克（根据本人情况酌量）。

14. 蜂蜜王浆（外用）

功效：使皮肤保持光泽和红润。适用于面部皱纹。

配方：蜂王浆 50 克，蜂蜜 30 克。

制作与用法：将蜂蜜、蜂王浆混合均匀，装入瓶中，加盖，放入冰箱中（0℃以下）保存。每天取 0.5 克，加水少许涂于面部。

15. 蜂蜜醋

功效：养颜嫩肤。适用于皮肤粗糙者。

配方：蜂蜜 20 克，醋 20 毫升。

制作与用法：将蜂蜜、醋混合加温开水冲服。每天服 2 ~ 3 次，久服效佳。

16. 蜂蜜菊花液

功效：可使皮肤光洁细腻，并有美容、香身之作用。

配方：蜂蜜 500 克，鲜菊花 100 克（干品 25 克）。

制作与用法：将菊花加水煎煮，二沸后去渣取汁，与蜂蜜一同加入到洗澡水中，浸泡全身约 20 分，用清水冲洗，每 3 ~ 5 天沐浴 1 次。

17. 蜂蜜白附子（外用）

功效：祛风润肤。适用于面部黑斑。

配方：蜂蜜、白附子各适量。

制作与用法：将白附子研细末，与蜂蜜和匀，储瓶。每晚临睡前先以温米泔水洗脸，再取蜂蜜白附子涂于面部，第二天早晨用温水洗去。

二、蜂蜜强身食疗保健验方

1. 人参蜜膏

功效：适用于老年人养生保健，延年益寿。

配方：人参 500 克，蜂蜜 250 克。

制作与用法：将人参加水熬透，共煎 3 次，去渣，合并药液，再用慢火熬成浓汁，加入蜂蜜搅匀。每次服 15 克，温开水送服，每天 2 次。

2. 蜂蜜番茄汁

功效：和血脉，降血压，生津开胃，清热解毒。长期食用，可预防动脉硬化和心血管疾病等。

配方：蜂蜜 20 克，新鲜成熟番茄 1 个。

制作与用法：先将番茄切片，加入蜂蜜腌 1 ～ 2 小时即成。饭后当水果食用。

3. 蜂蜜胡萝卜汁

功效：健身强体，健胃消食，对各种维生素缺乏症有效。

配方：蜂蜜 40 克，胡萝卜 250 克。

制作与用法：榨取胡萝卜汁液，对入蜂蜜，搅拌均匀。早、晚空腹时分 2 次以温水送服。

4. 蜂蜜黑枣饮

功效：增强体质，抗衰老。

配方：蜂蜜适量，黑枣 250 克。

制作与用法：将黑枣去杂，洗净，放入锅中，加水适量，煮沸 15 分，晾凉加入蜂蜜即可。每天服 1 剂，久服效佳。

5. 蜜樱补肾膏

功效：补肾益精，固涩止遗。

配方：蜂蜜 200 克，金樱子 200 克。

制作与用法：金樱子剖开去核，洗净，煎煮后去渣，煎液小火浓缩后加入蜂蜜。日服 2 次，每次 10 ～ 15 克，温开水冲服。

6. 蜂蜜萝卜汁

功效：有止咳作用，对久咳、贫血及肾气亏虚和支气管炎等症有效。

配方：蜂蜜 40 克，萝卜 200 克。

制作与用法：榨取萝卜汁液，对入蜂蜜搅匀。早、晚分 2 次服下。

7. 蜂蜜茶

功效：降血压，清肺热，利肠胃。主治高血压、肺热咳嗽、久咳不止、咽喉肿痛等症。

配方：蜂蜜 20 克，绿茶 10 克。

制作与用法：先将绿茶放在茶壶中用热开水浸泡，冲好茶后待冷却后混入蜂蜜，即可饮用或含服。日服 1 ~ 2 次。

8. 蜂蜜王浆液

功效：增加食欲，改善睡眠，增强体质和免疫力，减少生病。长期服用，可延年益寿。

配方：蜂蜜 40 克，鲜蜂王浆 5 克。

制作与用法：将鲜蜂王浆与蜂蜜搅拌均匀，早、晚空腹时分 2 次（也可在清晨空腹时 1 次）用温开水送服。

9. 蜂蜜花粉

功效：适用于精血不足、抵抗力弱、未老先衰、体弱多病、久病不愈等。长期服用可防病养生，延年益寿。

配方：蜂蜜 200 克，蜂花粉 10 克。

制作与用法：将蜂蜜与蜂花粉拌匀，浸润 5 ~ 7 天即可服用。每次服 15 ~ 20 克，每天服 2 次，可直接食用或用温开水冲服。

10. 蜂蜜黄瓜汁

功效：可防治甲状腺功能亢进，防止脱发，有益于老年人保健。

配方：蜂蜜 45 克，黄瓜 200 克。

制作与用法：榨取黄瓜汁液，对入蜂蜜搅匀。早、晚空腹分 2 次用温开水冲服。

11. 蜂蜜南瓜汁

功效：有利尿、减肥、软化血管的作用，并有镇静安眠、解除困乏的功效。

配方：蜂蜜45克，南瓜200克。

制作与用法：榨取南瓜汁液，对入蜂蜜搅匀。早、晚空腹分2次以温开水冲服。

12. 蜂蜜洋葱汁

功效：抗感冒、利尿，提高食欲和精力，轻身解乏。

配方：蜂蜜45克，洋葱150克。

制作与用法：榨取洋葱汁，对入蜂蜜搅匀。早、晚空腹分2次以温开水送服。

13. 蜂蜜甘蓝汁

功效：补养身体，调节代谢，利眠安神，轻身解困。

配方：蜂蜜40克，甘蓝250克。

制作与用法：榨取甘蓝汁液，对入蜂蜜搅匀。夜晚空腹服下。

14. 蜂蜜西瓜汁

功效：有调节血压及健脑益神作用。

配方：蜂蜜40克，西瓜350克。

制作与用法：榨取西瓜汁液，对入蜂蜜搅匀。早、晚空腹分2次服下。

15. 蜂蜜蚂蚁丸

功效：强身健体，延年益寿，适用于风湿性疾病患者。

配方：蜂蜜 100 克，蚂蚁粉 80 克。

制作与用法：收集蚂蚁蒸熟，晒干，研磨成细粉末，与蜂蜜拌和均匀，制成丸，每丸 20 克。每天早、晚空腹用温开水冲服 1 丸。

16. 蜂蜜甜瓜汁

功效：调节神经功能，利眠、利尿、养肾，强身健体。

配方：蜂蜜 30 克，甜瓜 200 克。

制作与用法：榨取甜瓜汁液，对入蜂蜜搅匀。夜晚空腹服下。

17. 蜂蜜牛奶

功效：强身壮体，抗病毒，适用于感冒。

配方：蜂蜜 30 克，牛奶 250 毫升。

制作与用法：将牛奶煮沸，稍温时加入蜂蜜。顿服。

18. 蜜藕膏

功效：适用于心脾两虚、气血虚弱、心悸怔忡等，是补益强壮的养生保健佳品。

配方：蜂蜜适量，鲜藕 1 500 克。

制作与用法：将鲜藕冲洗干净，刮去外皮，切成细丝，用纱布包住绞取藕汁，盛入盆中，加入等量蜂蜜，置锅中，隔水用小火慢炖成浓汁，待冷收贮。每天服 2 次，每次服 20 克，温开水调服。

19. 蜂蜜提神茶

功效：提神健身，消除疲劳。

配方：蜂蜜 25 克，绿茶 1 ~ 1.5 克。

制作与用法：用开水 300 ~ 500 毫升浸泡绿茶，待茶水温度降至 60℃

以下时加入蜂蜜，温饮。

20. 蜂蜜枣酱

功效：补中益气、强身健体，久服有助延年益寿。

配方：蜂蜜 50 克，大枣 100 克。

制作与用法：将大枣去核搅成糊状，对入蜂蜜调匀，每天饭前空腹服用 2 ~ 3 次，每次 25 克。

21. 蜂蜜鸡蛋羹

功效：大补，可轻身、健脑、强体。

配方：蜂蜜 35 克，鸡蛋 1 个。

制作与用法：将鸡蛋打入瓷碗内，将蜂蜜倒入蛋中，放锅内蒸 15 分熟后即食。每天早、晚空腹各服 1 剂，长期服用。

22. 蜂蜜黄芪膏

功效：补气、固表、止汗，用于体弱、盗汗等虚弱症。

配方：蜂蜜适量，黄芪 100 克。

制作与用法：将黄芪切片，煎汁浓缩，以蜂蜜调匀为膏状。每天早、晚空腹服用，每次 10 ~ 15 克，温开水送服。

23. 蜂蜜菊花茶

功效：健体、疏风、清热、明目。

配方：蜂蜜 500 克，鲜菊花瓣 1 000 克。

制作与用法：将鲜菊花瓣捣烂，加水煎半小时，2 次等量提取，滤去残渣，合并 2 次提取液，小火浓缩至 500 毫升，待凉至 60℃以下加入蜂蜜调匀。每天饭前服用，每次 20 毫升。

三、蜂蜜医疗保健验方

（一）消化系统

1. 蜂蜜鳖粉

功效：补中强体、排毒消炎。适合病毒性肝炎治疗。

配方：蜂蜜适量，鳖 1 只（蜜、鳖重量比以 1 ∶ 2 为宜）。

制作与用法：将鳖烘干，再分多次将蜂蜜涂于鳖体，再次烘干，研磨成末，每天饭前各服 1 次，每次 10 ～ 15 克，温开水冲服。

2. 蜂蜜香蕉

功效：通便。老年人及习惯性便秘者尤佳。

配方：蜂蜜、香蕉适量。

制作与用法：将香蕉剥皮，以其肉蘸蜂蜜生食，每天数次。

3. 蜂蜜蘸萝卜

功效：通便。青少年便秘者效果尤佳。

配方：蜂蜜、白萝卜适量。

制作与用法：将白萝卜洗净切成片，蘸蜂蜜生食，每天数次。

4. 蜂蜜饮

功效：润肠通便，适用于老年、孕妇便秘及习惯性便秘。

配方：蜂蜜 60 克。

制作与用法：每天早、晚各服 30 克，以凉开水冲饮。

5. 蜂蜜甜瓜子饮

功效：适用于胃不适或胃及十二指肠溃疡。

配方：蜂蜜 30 克，甜瓜子 25 克。

制作与用法：将干甜瓜子捣碎，放入锅中加水 400 毫升煮开 15 分，喝前加入蜂蜜分 2 次饮下，30 天为一个疗程。

6. 蜂蜜葱白通便（外用）

功效：适用于大便不通。

配方：蜂蜜适量，葱白（小指粗）1 根。

制作与用法：将葱白洗净，蘸上蜂蜜，徐徐插入肛门内 5 ~ 6 厘米，来回抽插 2 ~ 3 次后拔出，约 20 分即欲大便。如仍不排大便，再插入葱白 2 ~ 3 次即通。

7. 蜂蜜盐水汤

功效：润肠通便。适于体虚便秘、不宜服用强泻药者，对老人、孕妇便秘者最宜。

配方：蜂蜜 30 克，食盐 6 克。

制作与用法：将蜂蜜和食盐放在杯中，用开水冲匀即成。每天早、晚各 1 次。

8. 蜂蜜芝麻膏

功效：对便秘有较好的作用。

配方：蜂蜜 180 克，黑芝麻 30 克。

制作与用法：将黑芝麻烘干研细成末，加入蜂蜜调匀，蒸熟。每天早、晚空腹分 2 次服下。

9. 蜂蜜王浆

功效：适用于习惯性便秘。

配方：蜂蜜 60 克，蜂王浆 6 克。

制作与用法：将蜂蜜、蜂王浆调匀，每天早、晚分 2 次用温开水送服。

10. 蜂蜜连翘茶

功效：清热解毒，通便。适用于实热痰湿壅结的便秘，有缓泻作用。

配方：蜂蜜、连翘各 30 克。

制作与用法：将连翘用沸水冲泡，加入蜂蜜，代茶频饮。每天 1 剂。

11. 蜂蜜猴菇

功效：养胃、祛患。对胃炎及溃疡症可起预防和治疗作用。

配方：蜂蜜 30 克，猴头菇 20 克。

制作与用法：将猴头菇烘干，研制成末，对入蜂蜜调匀，用温开水送服。早、晚各服 1 次，连服 15 天为一个疗程。

12. 蜂蜜皂角栓剂

功效：润肠通便。适用于大便秘结。

配方：蜂蜜 250 克，皂角 30 克。

制作与用法：将皂角研为细末，蜂蜜放入砂锅中用微火煎，待浓缩后加入皂角末，熬至能成丸时即可，将其搓制成小手指般粗、长约 5 厘米的栓剂，待冷变硬，塞入肛门。

13. 蜜汁藕

功效：适用于胃及十二指肠溃疡。

配方：鲜藕 2 节，蜂蜜适量。

制作与用法：将鲜藕洗净，在藕节处切开灌入蜂蜜，以原藕盖上，竹签固定，蒸熟服食。

14. 蜂蜜大黄

功效：有润燥滑肠作用，可用于急性肠梗阻的治疗。

配方：蜂蜜 90 克，大黄 9 克。

制作与用法：将大黄研成细末，对入蜂蜜调匀，分 2 次用温开水冲服。

15. 蜂蜜灌肠通便液

功效：通便效果较好。可用于顽固性便秘。

配方：蜂蜜 30 克，温开水 100 毫升。

制作与用法：将蜂蜜与温开水调匀，制成灌肠液，必要时予以灌肠。

16. 蜜胶合剂

功效：适用于胃及十二指肠溃疡。

配方：蜂蜜 95%，蜂胶浸膏 5%，香料适量。

制作与用法：将蜂蜜加热，过滤，加入蜂胶浸膏、香料，混合搅拌均匀，储于棕色瓶中。每天服 3 次，每次服 10 毫升。

17. 蜂蜜狼把草汤

功效：止泻。对血痢患者效果较好。

配方：蜂蜜 40 克，狼把草 100 克。

制作与用法：先将狼把草洗净，加适量水煎至 200 毫升，去渣，对入蜂蜜调匀后 1 次服下，每天 2 剂。

18. 蜂蜜锅灰丸

功效：适用于噎膈。

配方：蜂蜜、锅底灰各适量。

制作与用法：将锅底灰加入蜂蜜，调和为丸，如黄豆大。每服 10 丸，最好用新打的井水送服。

19. 蜂蜜萝卜

功效：健脾和中养胃。适用于恶心呕吐。

配方：蜂蜜 50 克，白萝卜 1 个。

制作与用法：将白萝卜洗净，切丝捣烂成泥，加蜂蜜拌匀，分 2 次服食。

20. 蜂蜜花粉膏

功效：润肠通便。适用于习惯性便秘。

配方：蜂蜜 250 克，蜂花粉 150 克。

制作与用法：将蜂花粉研碎，加入蜂蜜调成膏。每天早、晚空腹服用 1 汤勺，温开水送服。

21. 蜂蜜石榴皮膏

功效：养胃、润肠、消炎，对急、慢性肠炎均有效。

配方：蜂蜜 300 克，鲜石榴皮 100 克。

制作与用法：将鲜石榴皮切成小块，加适量水，文火煎至黏稠状，对入蜂蜜即可。每天三餐前用温开水冲服，每次 20 ～ 30 毫升。

22. 蜜饯红果

功效：健胃消食。适用于消化不良、脘腹胀闷等。

配方：蜂蜜 250 克，红果 500 克。

制作与用法：将红果洗净，去核，加水煮至烂，再加入蜂蜜熬至稠黏为度。每天 2 次，每次食 1 汤勺。

23. 蜂蜜威灵仙汤

功效：适用于噎膈。

配方：蜂蜜、威灵仙各 30 克。

制作与用法：将上药水煎 3 次，每煎分 2 次服用，每 4 小时 1 次，1 天服完。每天 1 剂，连服 7 天停药。

24. 姜汁蜜

功效：和胃止呃。适用于呃逆。

配方：蜂蜜、生姜各 30 克。

制作与用法：将生姜洗净捣烂，用纱布绞汁，加入蜂蜜服用。

25. 蜂蜜王浆

功效：养肝保肝。适用于急慢性肝炎、胆囊炎、胆结石等。

配方：蜂蜜 30 克，鲜蜂王浆 20 ~ 30 克。

制作与用法：将蜂蜜和鲜蜂王浆混匀，早、晚空腹时 2 次用温开水送服，连服 60 日。

26. 蜂蜜姜汁

功效：温中健胃，止呕。适用于反胃呕吐。

配方：蜂蜜 250 克，生姜汁 1 杯。

制作与用法：将生姜汁煮沸，蜂蜜稍加热。蜂蜜 2 汤勺、姜汁 1 汤勺混匀，白开水送服，每天 5 ~ 6 次。

27. 蜂蜜韭菜子

功效：除呃逆。可适用于神经性呃逆、顽固性呃逆。

配方：蜂蜜、韭菜子各 15 克。

制作与用法：将韭菜子烘干研末，加蜂蜜对温开水送服，每天早、晚各 1 次，每次 1 剂，7 天为一个疗程。

28. 蜂蜜木瓜散

功效：适用于由胃、肠疾病引起的黑便的治疗。

配方：蜂蜜 20 克，木瓜粉 10 克。

制作与用法：将蜂蜜调入木瓜粉中，用温开水冲服。每天早、晚空腹各服 1 剂。

29. 蜂蜜马齿苋汁

功效：杀菌止泻，对细菌性痢疾效果较佳。

配方：蜂蜜 50 克，鲜马齿苋 1 000 克。

制作与用法：将马齿苋洗净榨取汁液，加蜂蜜调匀 1 次服下，日服 2 次。

30. 蜂蜜南瓜子膏

功效：有驱蛔虫作用。

配方：蜂蜜 100 克，南瓜子 100 粒。

制作与用法：将南瓜子烘干，研细成末，调入蜂蜜制成膏状，每天早、晚各服 1 次，每次 25 克（小孩可酌减）。

31. 蜂蜜茵陈汤

功效：排毒消炎，适用于急性病毒性肝炎。

配方：蜂蜜 30 克，茵陈 9 克。

制作与用法：茵陈放适量水煎汤，经煮沸剩 200 毫升时滤除渣，对蜂蜜分 2 次服下，病情较重者，用量可适当增加。

32. 蜂蜜花粉

功效：养肝保肝，适用于慢性肝炎。

配方：蜂蜜 50 克，蜂花粉 30 克。

制作与用法：将蜂花粉与蜂蜜调匀，每天早、晚空腹时用温开水送服，连服 30 日。

33. 蜂蜜猪胆汁

功效：清热，解毒，祛湿。适用于肝炎。

配方：蜂蜜 100 克，猪胆 1 个。

制作与用法：将猪胆汁同蜂蜜调匀，放锅中蒸 20 分。分 2 次服。

（二）呼吸系统

1. 蜂蜜鱼腥草饮

功效：清热解毒。适用于流感、咽喉肿痛等。

配方：蜂蜜 30 克，鲜鱼腥草 100 克。

制作与用法：将鱼腥草洗净榨汁，调入蜂蜜即成。日服 1 ~ 2 次，连服 3 天。

2. 蜂蜜白酒

功效：散风寒，对感冒、咳嗽有效。

配方：蜂蜜 50 克，白酒适量。

制作与用法：将蜂蜜放入碗中，倒进白酒点着火，使之自燃烧热，酒燃熄火后趁热服下，每天 3 次。

3. 蜂蜜鸡蛋

功效：补肺润燥。适用于肺燥久咳。

配方：蜂蜜 35 克，鸡蛋 1 个。

制作与用法：将蜂蜜加水 300 毫升煮沸，打入鸡蛋微沸，一次服用。

每天早、晚空腹服下。

4. 蜂蜜麻酱饮

功效：解表散寒。适用于风寒感冒。

配方：蜂蜜50克，芝麻酱适量。

制作与用法：将蜂蜜与芝麻酱调匀，用水冲饮。

5. 蜂蜜枇杷膏

功效：润肺止咳。适用于单纯性支气管炎、久喘不止等症。

配方：蜂蜜200克，枇杷叶500克。

制作与用法：枇杷叶加水5 000克，慢火煮3小时，过滤去渣，取滤液再加热煮成清膏，加入蜂蜜煎熬至收膏即可。日服2次，每次服15克，开水调服或含服。

6. 蜂蜜茄子膏

功效：止咳、利便，对营养不良性水肿有效。

配方：蜂蜜50克，白茄子100克。

制作与用法：将白茄子去蒂洗净，切成小块，放入碗内蒸烂，出锅后调入蜂蜜，搅成浆膏状，分2次服下。

7. 蜜百合

功效：清肺宁神。适用于肺脏壅热、烦闷、咳嗽等。

配方：蜂蜜适量，鲜百合200克。

制作与用法：将蜂蜜拌百合蒸软，时时含1片，吞津服食。

8. 蜂蜜猪油膏

功效：润肺，止咳，补虚。适用于肺燥咳嗽。

配方：蜂蜜、猪油各 100 克。

制作与用法：将蜂蜜、猪油分别用小火煮沸，停火，晾温，混合调匀即可。每次服 1 汤勺，每天服 2 次。

9. 蜂蜜大蒜饮

功效：预防和治疗流感。

配方：蜂蜜、大蒜各适量。

制作与用法：将大蒜剥皮、洗净、捣碎，加等量蜂蜜混匀。日服 2 次，每次 1 勺，用温开水冲服。

10. 蜂蜜香油

功效：适用于咳嗽、气喘及体虚身弱者。

配方：蜂蜜 20 克，芝麻香油 5 克。

制作与用法：蜂蜜、香油混合，加温开水搅拌均匀，饭前服用，日服 3 次，现用现配。

11. 蜂蜜荞麦汤

功效：排脓解毒。适用于肺痈、咯吐脓血等。

配方：蜂蜜 50 克，金荞麦 30 ~ 60 克。

制作与用法：将金荞麦加水 400 毫升，隔水蒸煮 45 分，去渣服。每天 1 次。

12. 蜂蜜金银花饮

功效：有消炎清喉作用。适用于急性支气管炎。

配方：蜂蜜、金银花各 30 克。

制作与用法：金银花用 500 毫升水煎，去渣后用蜂蜜调和，当日分几次服完，每天 1 剂。

13. 蜂蜜酸石榴膏

功效：适用于慢性支气管炎。

配方：蜂蜜 300 克，酸石榴 500 克。

制作与用法：将石榴洗净去蒂切碎，放入锅内，加水淹过石榴，文火炖，煎成膏状，对入蜂蜜搅匀。每天服 3 ~ 5 次，每次 20 毫升。

14. 蜂蜜蒸白梨

功效：生津润燥，止咳化痰。适用于阴虚肺燥、久咳咽干、手足心热等。

配方：蜂蜜 50 克，大白梨 1 个。

制作与用法：将白梨挖去核，蜂蜜填入其中，加热蒸熟。每天早、晚各吃白梨 1 个，连吃数日。

15. 蜂蜜红茶饮

功效：清喉降火。对流感和火气上攻均有效。

配方：蜂蜜 50 克，红茶 5 克。

制作与用法：以红茶冲泡浓茶水，饮用前对入蜂蜜同饮，每天 1 ~ 3 次。

16. 蜂蜜贝母饮

功效：有利于防治呼吸道感染和哮喘等症。

配方：蜂蜜 30 克，贝母 12 克。

制作与用法：将贝母加蜂蜜放适量水在砂锅中文火炖熟。清晨温服，连服 15 ~ 20 天。

17. 蜂蜜芦荟汁

功效：适用于气管炎、哮喘、咽喉炎、鼻炎等。

配方：蜂蜜 50 克，芦荟汁 20 克。

制作与用法：取芦荟下部的叶子洗净绞汁，加入蜂蜜搅匀。每天早晚餐前分 2 次服下。

18. 蜂蜜桃皮膏

功效：镇咳，益气。可用于久咳不愈者。

配方：蜂蜜 50 克，桃树皮 100 克。

制作与用法：先将桃树皮加水适量文火煎汁，浓缩成膏状，加入蜂蜜，调匀后咳嗽时服用，每次 20 毫升。

19. 蜂蜜白果

功效：益肾固肺，滋阴润燥。适用于支气管哮喘、老年人体虚哮喘、肺结核咳嗽等。

配方：蜂蜜适量，白果（即银杏）20 克。

制作与用法：将白果炒熟，去壳，取白果仁加水煮熟，捞出放入碗中，加蜂蜜调匀服食。

20. 蜂蜜冬瓜子膏

功效：适用于气管炎、百日咳等。

配方：蜂蜜 50 克，冬瓜子 150 克。

制作与用法：冬瓜子加水适量以文火煎取浓汁，浓缩成膏状，对入蜂蜜调匀。日服 2 次，15 天为一个疗程。

21. 蜂蜜丝瓜花饮

功效：清肺止咳，消痰平喘。适用于肺热咳嗽、喘急气促等。

配方：蜂蜜 30 克，丝瓜花 10 克。

制作与用法：将丝瓜花洗净，放入杯中，用沸水冲泡，盖上盖浸泡10分，倒入蜂蜜搅匀即可。每天饮用3次。

22. 蜂蜜羊胆汁

功效：对呼吸系统保健和哮喘病患者有效。

配方：蜂蜜250克，鲜羊胆汁20克。

制作与用法：将蜂蜜与羊胆汁调匀，置小笼内蒸30分。每天早、晚各服20毫升。

23. 蜂蜜花生

功效：理气、生津，可防治肺结核。

配方：蜂蜜150克，花生仁100克。

制作与用法：将花生仁浸泡在蜂蜜中15天以上，早、晚空腹时蜂蜜、花生仁同食，每次30克。

24. 蜂蜜梨汁

功效：清喉，镇咳。对支气管炎有效。

配方：蜂蜜30克，梨150克。

制作与用法：将梨去皮、核，榨取汁液，对入蜂蜜调匀，当日分3次服下。

25. 蜂蜜桑葚饮

功效：有暖肺润肠、补中理神等作用，可用于止咳、清热、利便、高血压、气血虚亏、失眠健忘等症。

配方：蜂蜜50克，桑葚100克。

制作与用法：将鲜熟桑葚去杂洗净，加水1 000毫升烧开煮沸，榨滤除渣，以滤液调入蜂蜜饮之，每天1剂。

26. 蜂蜜佛手饮

功效：理气化痰，止咳平喘。适用于慢性支气管炎。

配方：蜂蜜 50 克，佛手 30 克。

制作与用法：将佛手用水煮，去渣取汁，加入蜂蜜服用。每天 1 剂。

（三）神经及循环系统

1. 蜂蜜仙人掌汁

功效：有安神作用，可用于各种类型的失眠症。

配方：蜂蜜 20 克，仙人掌 40 克。

制作与用法：将仙人掌刺去除，捣烂榨取汁液，对入蜂蜜中，睡前服下。

2. 蜂蜜鸡肝汁

功效：适用于神经衰弱。

配方：蜂蜜 100 克，新鲜鸡肝 3 副。

制作与用法：将鲜鸡肝用尼龙布包裹，挤压出汁液，对入蜂蜜中调匀，当日分 3 次饭前服用。

3. 蜂蜜母鸡肉

功效：进补理神，对体虚及神经衰弱引起的眩晕、头昏有效。

配方：蜂蜜 150 克，母鸡 1 只（约 1 200 克）。

制作与用法：将母鸡宰杀去毛洗净，取出内脏，将蜂蜜放入鸡肚中，置笼内蒸熟做餐，进食。

4. 蜂蜜丹参汤

功效：有强体、正气、抗衰老之功，适用于高血压、冠心病、动脉硬化等症。

配方：蜂蜜 30 克，丹参 15 克。

制作与用法：将丹参洗净切成片，加水 500 克小火煎至 300 克，去渣，汁中加入蜂蜜，再煮沸即可。每天或早或晚服 1 剂。

5. 蜂蜜鲜百合

功效：适用于虚弱烦躁难以入眠患者。

配方：蜂蜜 100 克，鲜百合 80 克。

制作与用法：将鲜百合与蜂蜜搅拌均匀，放笼内蒸熟，睡前服用 30 克。

6. 蜂蜜菊花膏

功效：适用于冠心病、高血压、糖尿病等。

配方：蜂蜜 250 克，鲜杭菊花瓣 500 克。

制作与用法：将鲜杭菊花瓣加水煎透，共煎 3 次，去渣，合并药液，再用慢火熬成浓汁，加蜂蜜收膏。每次服 12 克，温开水送服，每天服 2 次。

7. 蜂蜜鸡蛋羹

功效：镇静安神，对失眠有效。

配方：蜂蜜 30 克，鸡蛋 1 个。

制作与用法：将鸡蛋打入碗内，用沸水冲熟，调入蜂蜜，一次性服下，每天早、晚各 1 剂。

8. 蜂蜜棉籽仁散

功效：适用于癫痫病的治疗。

配方：蜂蜜 20 克，棉籽仁 25 克，黄酒适量。

制作与用法：将棉籽仁拌上蜂蜜放锅内炒制或烘干，研成细末，每天

2次，每次 8 ~ 10 克，用黄酒送服。

9. 蜂蜜木瓜

功效：有通络行痹作用，适用于关节疼痛、游走不定、屈伸不利等症。

配方：蜂蜜 250 克，木瓜 2 个。

制作与用法：将木瓜蒸熟去皮捣烂成泥，加蜂蜜调匀，早、晚空腹服用，每次 15 ~ 30 克。

10. 蜂蜜酸枣仁

功效：调理气血，适用于体虚血亏所致的心悸、失眠等症。

配方：蜂蜜 50 克，炒酸枣仁 15 克。

制作与用法：将炒酸枣仁研成粉末，调入蜂蜜后当日分 2 次服用。

11. 蜂蜜白矾饮

功效：适用于痰阻、食欲不振、头痛等症。

配方：蜂蜜 100 克，白矾 40 克。

制作与用法：将白矾对水至 1 800 毫升文火煎，剩 1 000 毫升时离火，对入蜂蜜。每天 3 ~ 5 次，每次 30 ~ 50 毫升，长期饮用。

12. 蜂蜜芹菜汁

功效：清热平肝，降血压。适用于高血压、高胆固醇等。

配方：蜂蜜 50 克，鲜芹菜 500 克。

制作与用法：将鲜芹菜洗净，捣烂取汁，拌蜂蜜温服。每天分 3 次服完。

13. 蜂蜜白芥子膏

功效：适用于面部神经麻痹所致口歪眼斜患者。

配方：蜂蜜 50 克，白芥子 50 克。

制作与用法：将白芥子研为细末，调入蜂蜜搅和成膏。用时取蚕豆般大的 3 份，分别贴于太阳、下关、地仓三穴，待有烧灼感时去掉，隔半日用下一剂，坚持 7 日为一个疗程。

14. 蜂蜜葫芦汁

功效：除烦，降血压。适用于高血压引起的烦热口渴等。

配方：蜂蜜、鲜葫芦各适量。

制作与用法：将鲜葫芦洗净捣烂、绞汁，以蜂蜜调匀。每次服半杯至 1 杯，每天 2 次。

15. 蜂蜜夏草膏

功效：适用于高血压或颈淋巴结核坚硬者及乳腺和淋巴肿瘤患者。

配方：蜂蜜 200 克，夏枯草 500 克。

制作与用法：将夏枯草加适量水煎 3 次，过滤除渣，将 3 次药液混合，加入蜂蜜用文火煎成膏状。早、晚各服 1 次，每次 30 克。

16. 蜂蜜五味子汤

功效：用于心、肾功能不力导致的失眠、神经衰弱等症。

配方：蜂蜜 100 克，五味子 50 克。

制作与用法：将五味子加水 300 毫升煎煮，剩药液 100 毫升时去渣，调入蜂蜜，每天 3 次，每次 20 毫升。

17. 蜂蜜银杏粉

功效：适用于冠心病、心肌梗死恢复期和脑缺血等症。

配方：蜂蜜 100 克，银杏粉或银杏叶粉 50 克。

制作与用法：将银杏粉调入蜂蜜中，日服 3 次，每次 10 克，15 天为一个疗程。

18. 蜂蜜鲜李子

功效：适用于冠心病患者。

配方：蜂蜜 30 克，鲜李子 50 克。

制作与用法：将鲜李子洗净水煎 20 分，去渣取其液对入蜂蜜，煮沸，离火。当日分 2 次服下。

19. 蜂蜜苹果

功效：有健身、调血压作用，适用于高血压患者。

配方：蜂蜜、苹果各适量。

制作与用法：将苹果切成小块或片，在蜂蜜中浸渍几小时后，蘸蜂蜜食用，用量可按食量酌定。

20. 蜂蜜姜汁

功效：适用于心绞痛。

配方：蜂蜜 30 克，生姜汁 1 汤勺。

制作与用法：将蜂蜜、生姜汁用温开水调匀，顿服。

21. 蜂蜜红薯

功效：有软化血管作用，适用于动脉粥样硬化症患者。

配方：蜂蜜 30 克，红薯 250 克。

制作与用法：将红薯洗净切成块，蒸熟，蘸蜂蜜食用，每天 1 ~ 2 次。

（四）生殖与泌尿系统

1. 蜂蜜五味子膏

功效：适用于肾虚引起的遗精、尿频等症。

配方：蜂蜜 250 克，五味子 125 克。

制作与用法：五味子水浸几小时后以文火煎汁，去渣后加入蜂蜜，文火熬成膏，陈放 2 ~ 3 天后服。每天空腹服 2 次，每次 20 ~ 40 毫升（视目的及体况定）。

2. 蜂蜜桃花膏

功效：适用于排尿不顺患者。

配方：蜂蜜 50 克，白桃花 20 克。

制作与用法：将白桃花洗净焙干，研制成粉末，对入蜂蜜炼 100℃成膏状，搓捻成丸，每丸 5 克。早、晚各服 1 丸，温开水冲服。

3. 蜂蜜花粉

功效：适用于前列腺炎、前列腺增生等。

配方：蜂蜜 500 克，蜂花粉 250 克。

制作与用法：将蜂花粉放入蜂蜜中，混匀。每次服 15 克，饭前温开水送服，每天 3 次，30 天为一个疗程。

4. 蜂蜜丝瓜汤

功效：有助于防治早泄。

配方：蜂蜜 100 克，丝瓜 250 克。

制作与用法：丝瓜切片加水煮沸，加入蜂蜜即可，当天分 1 ~ 2 次服下，每天 1 剂。

5. 蜂蜜金樱子膏

功效：适用于梦遗滑精、小便不畅、女子带下及肾气亏虚所引起的各种杂症。

配方：蜂蜜 150 克，金樱子 75 克。

制作与用法：将金樱子放适量水煎 3 次，滤除渣后，合并煎汁文火浓缩成膏，加入蜂蜜调匀即成。每天早、晚各服 1 次，每次 15 克。

6. 蜂蜜南瓜子膏

功效：适用于前列腺炎患者。

配方：蜂蜜 60 克，南瓜子 60 克。

制作与用法：将南瓜子去皮、捣烂，加入蜂蜜中调匀，当天分 2 次服下，每天 1 剂，半个月为一个疗程。

7. 蜂蜜棕榈根

功效：适用于遗精患者。

配方：蜂蜜 20 克，棕榈根 40 克。

制作与用法：将棕榈根加水煎数开，去渣取汁调入蜂蜜服下，每天 1 剂，连服 7 天。

8. 蜂蜜人参汤

功效：适用于精神不振、体虚多病及性欲减退、阳痿早泄者。

配方：蜂蜜 30 克，人参 6 克。

制作与用法：将人参加 400 毫升水以文火煎汁，剩汁 200 毫升时加入蜂蜜，分 3 次饭前服用，每天 1 剂。

9. 蜂蜜大葱膏

功效：适用于排尿不畅患者。

配方：蜂蜜50克，大葱1根（约100克）。

制作与用法：将大葱捣烂，与蜂蜜混合均匀，用时敷于会阴部，每天外敷1～2次。

10. 蜂蜜白酒

功效：清热解毒，适用于疟疾。

配方：蜂蜜15～30克，白酒适量。

制作与用法：将白酒稍温热，加入蜂蜜调匀。在疟疾发作前半小时服用。如果不能掌握发作时间，可在发作的当日连服3次。

11. 蜂蜜绿豆汤

功效：解渴降热，消毒醒酒，兼治小便不畅。

配方：蜂蜜30克，绿豆60克。

制作与用法：绿豆加水1000毫升煎汁，几开后停火加入蜂蜜，调匀，饮汁食豆，每天1剂。

12. 蜂蜜鲜葫芦汁饮

功效：利尿排石，适用于尿道结石等症。

配方：蜂蜜、鲜葫芦汁等量。

制作与用法：榨取鲜葫芦汁液，与蜂蜜混合均匀，每天早、晚口服1次，每次50毫升。

13. 蜂蜜杨桃汤

功效：清热，解毒，利尿。适用于膀胱结石、膀胱炎等。

配方：蜂蜜适量，鲜杨桃 5 个。

制作与用法：将鲜杨桃切成块，加水 3 碗煎至 1 碗，加入蜂蜜服用。每天 1 次。

（五）妇科

1. 蜂蜜半夏汤

功效：适用于行经期呕吐。

配方：蜂蜜 50 克，大半夏 10 克。

制作与用法：加水煎大半夏 30 分，对入蜂蜜 1 次服完。

2. 蜂蜜生姜

功效：适用于行经期呕吐。

配方：蜂蜜 55 克，生姜 31 克。

制作与用法：将生姜洗净后加适量水煎煮 5 分，然后加入蜂蜜拌匀服下，每天 1 ～ 3 次。

3. 蜂蜜丹参

功效：活血调经，适用于闭经、痛经等。

配方：蜂蜜 1 200 克，丹参 100 克，黄酒适量。

制作与用法：将丹参加水 500 毫升，煮取 400 毫升，加入蜂蜜、黄酒调匀。每服适量，每天 2 次。

4. 蜂蜜阿胶膏

功效：养血疗崩，适用于功能性子宫出血。

配方：蜂蜜、阿胶各 100 克。

制作与用法：将阿胶捣碎，与蜂蜜共放入碗中，上锅蒸20分。每次30克，用黄酒调服。

5. 蜂蜜金樱子汤

功效：适用于肾气亏虚导致的白带量多清稀，伴有失眠、盗汗等症患者。

配方：蜂蜜200克，金樱子200克。

制作与用法：将金樱子洗净，剖开去核，加800毫升水小火煎熬，浓缩至300毫升时，去渣，对入蜂蜜。每天早、晚各服1次，每次15克。

6. 蜂蜜乌梅膏

功效：适用于经血过多。

配方：蜂蜜100克，乌梅100克。

制作与用法：将乌梅去核，用冷水泡发，加水煎熬3次，过滤除渣，合并药液，用小火熬为膏状，加入蜂蜜调匀，继续熬成稠膏。每天服3次，每次20克，开水冲服。

7. 蜂蜜独行菜丸

功效：适用于闭经。

配方：蜂蜜50克，独行菜100克。

制作与用法：将独行菜焙干研制成末，加蜂蜜调和成膏状，制成15～20克重的药丸，用细绵绢或纱布包裹，用时纳入阴道深处，每天睡前用1丸，第二天清晨取出，连用7天为一个疗程。

8. 蜂蜜芍药饮

功效：有养血敛阴、养肝止痛之功，适用于体弱肝虚、妇女月经不调者。

配方：蜂蜜 50 克，芍药花 50 克。

制作与用法：将芍药花以沸水冲泡，调入蜂蜜做茶饮，每天 1 剂，连服 7 天为一个疗程。

9. 蜂蜜硼砂

功效：适用于滴虫性阴道炎（使用期戒房事和坐浴）。

配方：蜂蜜 60 克，硼砂 5 克。

制作与用法：将硼砂加少量水溶化，调入蜂蜜中搅匀，于睡前洗净阴部，以纱布包裹药液塞入阴道中，仰卧，第二天清晨取出，连用 7 天。

10. 蜂蜜胡萝卜丁

功效：适用于妊娠期呕吐。

配方：蜂蜜 200 克，胡萝卜 400 克。

制作与用法：将胡萝卜洗净切成小丁，浸入沸水中短时捞出，与蜂蜜拌匀，放锅中蒸熟，饭前服 40 克，日服 3 次。

11. 蜂蜜椿根皮汤

功效：适用于带下、宫颈炎、子宫内膜炎、阴痒、小便黄少及细菌感染所致的脓性白带。

配方：蜂蜜 40 克，鲜椿根白皮 60 克。

制作与用法：将椿根白皮放 300 毫升水文火煎熬，剩 150 毫升时滤除药渣，用其药液对蜂蜜调匀。每天 3 次，每次 30 毫升。

12. 蜂蜜木槿花茶

功效：有清热利湿、凉血止痢之功能，适用于白带量多、肠风泻血、痢疾、吐血及疔疮。

配方：蜂蜜 50 克，木槿花 25 克。

制作与用法：将木槿花与蜂蜜一同以沸水冲泡，做茶饮，每天 1 剂。

13. 蜂蜜枇杷叶茶

功效：有滋阴、和胃、降逆之功，适用于因胃虚和妊娠引起的呕吐等症。

配方：蜂蜜 60 克，枇杷叶 4 片。

制作与用法：将枇杷叶洗净在火上稍烤片刻，用纱布抹擦去除叶面茸毛，再加水以文火煎煮，数开后过滤去渣取其煎汁，对入蜂蜜代茶饮，每天 1 剂。

14. 蜂蜜冬瓜汁

功效：清热解毒，利尿消肿，适用于妊娠水肿、小便不利等。

配方：蜂蜜、冬瓜汁各 1 杯。

制作与用法：将蜂蜜、冬瓜汁和匀，频频服用。

15. 蜂蜜百合膏

功效：有养身安神等功能，适用于更年期综合征、多梦失眠。

配方：蜂蜜 30 克，生百合 50 克。

制作与用法：将生百合与蜂蜜拌和后放笼内蒸熟，临睡前 1 次服用，坚持服用 20 ～ 30 天。

16. 蜂蜜葱白根

功效：适用于习惯性和先兆性流产及产后晕厥等症。

配方：蜂蜜 30 克，葱白根 50 克。

制作与用法：将葱白根捣烂，调入蜂蜜成膏状，外敷于脐部，每天换药 1 次。

17. 蜂蜜当归饮

功效：益气养血，适用于产后血虚腹痛。

配方：蜂蜜 30 克，当归末 15 克。

制作与用法：将蜂蜜当归末放入砂锅中，加水 300 毫升共煎，取汁 200 毫升，分 2 次服。

18. 蜂蜜麻油

功效：润燥通便，适用于肠结便秘、孕妇便结及妊娠中毒患者。

配方：蜂蜜 125 克，麻油 50 克。

制作与用法：将蜂蜜盛于碗中，快速搅拌使之起泡，缓缓加入麻油，文火加热至 60℃，继续搅拌使二味充分混合均匀，饭前各服 1 次，每次 10 ~ 15 克。

19. 蜂蜜麻油（外用）

功效：有益气助产之功，适用于孕妇难产。

配方：蜂蜜、麻油各 30 克。

制作与用法：将蜂蜜、麻油一起搅拌调匀，临产时涂于孕妇脐部，轻轻按摩。

20. 蜂蜜葱白膏

功效：适用于急性乳腺炎。将纯蜂蜜敷于乳头可治乳头皲裂。

配方：蜂蜜 50 克，葱白 30 克。

制作与用法：将葱白洗净捣烂，调入蜂蜜外敷于患处，每天换药 2 次。

21. 蜂蜜猪肉汤

功效：补肾益气，催生保胎，适用于胎涩不下。

配方：蜂蜜 200 克，鲜猪肉 1 000 克。

制作与用法：将鲜猪肉切大块，急火煎汤，去浮油，加入蜂蜜，令产妇尽量饮服。

22. 蜂蜜橙子饮

功效：适用于妊娠呕吐，或因胃中停滞而引起的嗳呕、腹中堵闷、食欲不振等。

配方：蜂蜜 100 克，橙子 200 克。

制作与用法：首先用清水将橙子浸泡几小时，泡去酸味，之后连皮切成数瓣，与蜂蜜一同放锅内加水煮沸，保持 20 分，把橙子捞出榨汁取液于锅内，取锅内汁液饮用，每天 1 剂。

23. 蜂蜜醋饮

功效：适用于产后血晕。

配方：蜂蜜 50 克，醋 50 毫升。

制作与用法：将蜂蜜、醋调匀煮沸，顿服。

24. 蜂蜜马齿苋饮

功效：清热解毒，适用于产后赤白痢疾。

配方：蜂蜜 30 克，鲜马齿苋汁 1 杯。

制作与用法：将鲜马齿苋汁煎沸后加入蜂蜜和匀饮服。

（六）儿科

1. 蜂蜜龟板膏

功效：用于肺结核、久咳、盗汗及骨结核、淋巴结核等症。

配方：蜂蜜 200 克，龟板 100 克。

制作与用法：将龟板在火上烤干，研成细末，将蜂蜜加热煮沸，调入龟板末中搅匀，熬成膏状。每天早、晚各服 1 次，每次 10 克，连服 2 周。

2. 蜂蜜南瓜子仁

功效：适用于小儿蛔虫病、绦虫病等肠道寄生虫病。

配方：蜂蜜 50 克，新鲜南瓜子仁 100 克。

制作与用法：将新鲜南瓜子剥去外壳，捣烂成糊状（捣烂过程中可加少量冷开水），边搅边添加蜂蜜，搅匀。当天分 2 次服下，小儿酌减。

3. 蜂蜜丝瓜饮

功效：适用于百日咳患儿。

配方：蜂蜜 40 克，生丝瓜 300 克。

制作与用法：将丝瓜洗净绞取其汁，对入蜂蜜调匀，做 1 天量，分 2 ~ 3 次当天服下。

4. 蜂蜜胆汁

功效：清肝止疼，镇咳，适用于百日咳。

配方：蜂蜜适量，新鲜猪胆 1 个。

制作与用法：将新鲜猪胆用凉开水洗净，取出胆汁，按 1 ∶ 4 加入蜂蜜拌匀，装瓶。1 岁以内，每次服 2. 5 毫升；1 ~ 2 岁，每次服 5 毫升；2 ~ 5 岁，每次服 10 毫升。每天 3 次。

5. 蜂蜜梨盅

功效：适用于久咳不愈、痰少咽干患儿。

配方：蜂蜜 30 克，大白梨 1 个。

制作与用法：将大白梨核挖出，将蜂蜜加入梨中，放锅内蒸熟，早、晚空腹各 1 个，小儿酌减。

6. 蜂蜜生姜饮

功效：适用于小儿久咳不愈。

配方：蜂蜜 60 克，生姜 4 片。

制作与用法：生姜中加水适量，文火熬 30 分，在熬的过程中适当加水，冷后对入蜂蜜服用，每天 2 次，每次 2 汤勺。

7. 蜂蜜芝麻膏

功效：适用于小儿感冒、咳嗽等症。

配方：蜂蜜 30 克，黑芝麻 20 克。

制作与用法：将黑芝麻炒香捣碎，加蜂蜜冲服。小儿每次 2～5 克，每天 3 次。

8. 蜂蜜萝卜

功效：适用于伤风、咳嗽患儿。

配方：蜂蜜、萝卜各适量。

制作与用法：将萝卜洗净，切成片或小块，浸入蜜中陈放 1 天，而后服用，用量因人视情而异。

9. 蜂蜜刀豆子汤

功效：适用于支气管哮喘或寒性哮喘患儿。

配方：蜂蜜 20 克，刀豆子 15 克。

制作与用法：刀豆子加水煮熟，加蜂蜜服用，每天 1 剂。

10. 蜂蜜土豆汁

功效：适用于小儿习惯性便秘。

配方：蜂蜜、新鲜土豆各适量。

制作与用法：将新鲜土豆洗净，切碎，加温开水捣烂，用纱布包好绞汁，加入适量蜂蜜。每天早晨空腹服 1 ~ 2 汤勺，连续服用 15 ~ 20 天。

11. 蜂蜜鸡蛋

功效：滋阴养血，清热润燥，适用于小儿支气管哮喘。

配方：蜂蜜 1 ~ 2 汤勺，鸡蛋 1 ~ 2 个。

制作与用法：将鸡蛋去壳，在油锅内煎熟，趁热加入蜂蜜，立即服食。

12. 蜂蜜白兰花膏

功效：适用于百日咳患儿。

配方：蜂蜜 80 克，白兰花 25 克。

制作与用法：将白兰花加水煎 2 开，滤渣以其汁对入蜂蜜，分 4 ~ 5 次服下，即显效。

13. 蜂蜜山楂膏

功效：消食通便，适用于小儿消化不良、疳积等症。

配方：蜂蜜 100 克，鲜山楂 100 克。

制作与用法：将山楂洗净切片，放笼内蒸熟，捣烂成糊，对入蜂蜜加热调作膏状，凉后即可服用。每天 2 次，每次 30 克。

14. 蜂蜜葵花籽仁汁

功效：适用于小儿体虚、面黄及便秘等症。

配方：蜂蜜 15 克，葵花籽仁 30 克。

制作与用法：将葵花子仁捣烂，加入蜂蜜调匀，早、晚分 2 次服下，连服数日。

15. 蜂蜜鲜藕膏

功效：适用于小儿肺炎、咳嗽等症。

配方：蜂蜜 50 克，鲜藕 200 克。

制作与用法：将藕捣烂成泥状，调入蜂蜜拌匀，分 5 次服下，小儿可酌减。

16. 蜂蜜桑叶茶

功效：清热润燥，适用于小儿夏季口渴。

配方：蜂蜜适量，桑叶 10 克。

制作与用法：先用蜂蜜将桑叶涂润，阴干后切细，沸水冲泡，代茶饮。

17. 蜂蜜蚕蛹

功效：有和脾、消疳积、驱蛔虫之功效，可用于小儿疳积、发育不良等症。

配方：蜂蜜、蚕蛹各 15 克。

制作与用法：将蚕蛹炒熟，与蜂蜜调拌均匀即成。每天饭前各服 1 次，每次 3 ~ 5 粒。

18. 蜂蜜甘蔗汁

功效：适用于小儿积热便秘、大便干结、舌燥、腹胀痛、小便发黄等症。

配方：蜂蜜 50 克，甘蔗汁 100 克。

制作与用法：榨取甘蔗汁，对入蜂蜜调匀，当天早、晚分 2 次饮下。

19. 白蜜清汤饮

功效：适用于婴幼儿大便不通。

配方：白色蜂蜜 35 克。

制作与用法：将白色蜂蜜对 2 倍矿泉水或温开水饮下，每天 5～6 次，每天 1 剂。

20. 蜂蜜无花果

功效：适用于积热、便秘等症。

配方：蜂蜜 35 克，无花果 10 枚。

制作与用法：将无花果捣烂成碎块，加 300 毫升水文火煎，剩 100 毫升汁时滤除渣，加入蜂蜜调匀，早、晚分 2 次服下，婴儿减。

21. 蜂蜜黄瓜汤

功效：适用于小儿暑热、腹泻。

配方：蜂蜜 20 克，黄瓜 1 根。

制作与用法：将黄瓜剖开去瓤，切成片加 2 倍水煎，剩 1 倍水时除去黄瓜，以其煎汁对蜂蜜加热至沸。可酌情多次服用。

22. 蜂蜜藕汁

功效：清热润燥，凉血，适用于小儿暑热。

配方：蜂蜜、鲜藕各适量。

制作与用法：将鲜藕洗净，捣烂取汁，每 250 毫升藕汁加蜂蜜 50 克调匀。分次服，连用数日。

23. 蜂蜜百合

功效：滋阴清虚热。适用于小儿阴虚所致低热长期不退。

配方：蜂蜜 150 克，干百合 100 克。

制作与用法：将干百合、蜂蜜共置碗中，放入蒸锅蒸 1 小时，趁热调匀，待冷装瓶。每次 10 克，开水冲服。每天 2 次，连服 6 ~ 7 天。

24. 蜂蜜硼砂（外用）

功效：用于小儿口角糜烂。

配方：蜂蜜 30 克，硼砂 3 克。

制作与用法：将硼砂与蜂蜜调匀后涂患处，每天 2 ~ 3 次。

25. 蜂蜜荷叶汤

功效：适用于小儿暑热。

配方：蜂蜜 100 克，鲜荷叶 100 克。

制作与用法：将鲜荷叶加适量水煎，沸后保持 30 分，滤除荷叶，以其煎汁调入蜂蜜。每天 1 剂，连服数日。

26. 蜂蜜杨梅饮

功效：适用于小儿夏热、口渴、食欲不振。

配方：蜂蜜 200 克，鲜杨梅 500 克。

制作与用法：将鲜杨梅洗净加 3 倍水煮沸，调入蜂蜜后再煮沸，每天多次做茶饮，连服数日。

27. 蜂蜜苋菜汁

功效：适用于小儿扁桃体炎。

配方：蜂蜜 30 克，鲜苋菜 30 ~ 60 克。

制作与用法：将鲜苋菜洗净捣烂取其汁，对入蜂蜜调服。每天 1 剂，分 2 ~ 3 次服下。

28. 蜂蜜萝卜盅

功效：润肺解燥，适用于肺结核或咳嗽中带血丝患儿。

配方：蜂蜜 100 克，萝卜约 200 克。

制作与用法：将萝卜洗净，切去顶端，用勺挖空萝卜心，将蜂蜜灌入萝卜中，将萝卜顶端封上口，直立固定在笼内蒸熟即可。每天分多次吃萝卜饮蜜汁，每天 1 剂，小儿酌减。

29. 蜂蜜地龙膏

功效：适用于婴幼儿急惊风等症。

配方：蜂蜜 50 克，活地龙（蚯蚓）10 条。

制作与用法：取活地龙洗净，捣烂，加入蜂蜜调和成膏状，用时将之贴敷在患儿的囟门上。

30. 蜂蜜干黄精

功效：适用于小儿佝偻病。

配方：蜂蜜 200 克，干黄精 100 克。

制作与用法：将干黄精洗净，加水浸泡透发，再用文火煎煮至熟烂，浓缩液至 200 毫升，调入蜂蜜。每天 2 ~ 3 次，每次 20 毫升。

31. 蜂蜜乌贼鱼骨

功效：适用于佝偻病、面色萎黄、消化不良患儿。

配方：蜂蜜 25 克，乌贼鱼骨 30 克。

制作与用法：将乌贼鱼骨砸成小块，焙黄研制成末，加蜂蜜调匀，每天服 3 次，每次视年龄及病情服 0.5 ~ 5 克。

32. 蜂蜜绿茶

功效：杀菌止痢，适用于小儿细菌性痢疾。

配方：蜂蜜 30 克，绿茶 5 克。

制作与用法：将绿茶浓煎，加入蜂蜜，温服，每天 3 次。

（七）五官科

1. 蜂蜜大蒜

功效：适用于鼻窦炎。

配方：蜂蜜 100 克，大蒜 1 头。

制作与用法：将大蒜剥皮捣烂挤汁，加 2 倍蜂蜜调和均匀，用时先以盐水清洗鼻并擦干，再用棉球蘸药液塞入患病鼻孔内，每天 3 ~ 4 次，连用 6 ~ 7 天。

2. 蜜胆滴眼剂

功效：适用于青光眼患者。

配方：蜂蜜 20 克，鸡苦胆、猪苦胆各 1 个。

制作与用法：先将鸡苦胆割口灌入蜂蜜，与胆汁混合，将口缝合放入猪苦胆中，用线拴吊在房檐阴凉处，任其风干，30 天后取下以鸡胆汁点眼。点眼前最好用人乳或蜂蜜盐水清洗患处，擦净后，再点鸡胆汁。每天 1 ~ 2 次，连用 3 ~ 5 天即显效。

3. 蜂蜜鸡肝

功效：有补肝明目之功，适用于视网膜色素变性和夜盲症患者。

配方：蜂蜜 25 克，鸡肝 1 副。

制作与用法：将鸡肝切成小块，拌入蜂蜜放笼内蒸熟，口服，每天1剂。

4. 蜂蜜牛黄饮

功效：适用于眼力昏花、衰退、眼角肿胀等症。

配方：蜂蜜80克，牛黄0.6克。

制作与用法：将蜂蜜与牛黄混合在一块儿，对温开水服用，每天1剂。

5. 蜂蜜盐水滴液

功效：适用于角膜溃疡眼疾患者。

配方：蜂蜜5克，生理盐水100毫升。

制作与用法：将蜂蜜与生理盐水混合调匀，制成滴眼液，每天滴眼或洗眼2～3次，坚持数日。

6. 蜂蜜羊胆膏

功效：清火解毒，明目。适用于红眼病（急性传染性结膜炎）。

配方：蜂蜜、羊胆汁各等量。

制作与用法：将蜂蜜、羊胆汁拌匀，文火熬炼成膏，装瓶。每次10克，温开水冲服，每天2次。

7. 蜂蜜龙芽草

功效：适用于预防和治疗喉部炎症和感冒。

配方：蜂蜜、龙芽草各适量。

制作与用法：以龙芽草1份用10倍沸水冲泡，待放至温热时服用。每次用250毫升龙芽草液对蜂蜜30克，搅匀即服，每天2～3次。

8. 蜂蜜菜籽丸

功效：适用于夜盲症、青盲眼障、角膜云翳。

配方：蜂蜜、白酒各适量，大头菜籽 1 000 克。

制作与用法：将大头菜籽加入白酒中浸泡 l 夜取出，隔水蒸 20 分，晒干研末，炼蜜为丸如黄豆大。每次 6 克，用米汤送服，每天服 2 次，连服数日。

9. 蜂蜜珍珠

功效：适用于青盲眼（看物模糊不清）、目赤口疮、心神不宁等症。

配方：蜂蜜 200 克，珍珠 60 克。

制作与用法：将珍珠研为细粉，与蜂蜜调匀，再在文火条件下煎沸 2 次，用于点眼，每天 4 ~ 5 次。

10. 蜂蜜五倍子糊（外用）

功效：适用于倒睫。

配方：蜂蜜适量，五倍子 30 克。

制作与用法：将五倍子研细末，用蜂蜜调成糊状。先洗净眼睑，再将适量糊剂涂于距睑缘 2 毫米处。每天 1 次，连涂 3 ~ 10 次。

11. 蜂蜜冰片（外用）

功效：适用于萎缩性鼻炎。

配方：蜂蜜 100 克，冰片 3 克。

制作与用法：将冰片研细末，溶于蜂蜜中搅匀，用棉签蘸取涂双侧鼻腔。每天 3 ~ 5 次，至愈为止。

12. 蜂蜜苦瓜饮

功效：适用于慢性化脓性中耳炎。

配方：蜂蜜 60 克，生苦瓜 1 个。

制作与用法：将生苦瓜去瓤切片加水煎煮，开后滤渣取汁，加入蜂蜜做茶饮，每天 1 剂。

13. 蜂蜜干姜膏

功效：适用鼻塞、鼻窦炎及引起的嗅觉减退等症。

配方：蜂蜜 50 克，干姜 30 克。

制作与用法：将干姜研成细末，加蜂蜜调成膏状，用时涂于鼻中，每天 2 ~ 3 次。

14. 蜂蜜丝瓜藤

功效：适用于鼻窦炎，并伴有头痛发热、咳嗽、胸闷等症。

配方：蜂蜜 50 克，丝瓜藤 1 米。

制作与用法：取靠近根部的丝瓜藤 1 米，将之切碎晒干，研成细末，加蜂蜜调和成膏，日服 3 次，每次 10 克。

15. 蜂蜜茶

功效：适用于咽喉炎。

配方：蜂蜜、茶叶各适量。

制作与用法：用开水冲泡浓茶，冷后去渣，加适量蜂蜜拌匀。每隔半小时漱喉 1 次，并喝下，每天可多用几次，连续服用 3 天。

16. 蜂蜜硼砂敷膏

功效：适用于口腔溃疡。

配方：蜂蜜 30 克，硼砂 3 克。

制作与用法：将蜂蜜与硼砂混合拌匀，涂敷患处，每天 3 次，连用 3 ~ 5 天。

17. 蜂蜜冰片

功效：适用于喉炎。

配方：蜂蜜 60 克，冰片 0.6 克。

制作与用法：将冰片研末，与蜂蜜一同加温开水调匀，每天 1 剂，分 2～3 次服下。

18. 蜂蜜菊花（外用）

功效：适用于萎缩性鼻炎。

配方：蜂蜜 10 克，白菊花 20 克。

制作与用法：将蜂蜜、白菊花混合共蒸 2 小时，取液滴鼻。每天数次。

19. 蜂蜜青果膏

功效：适用于咽喉红肿、咳嗽多痰、口燥舌干等症。

配方：蜂蜜、青果各 500 克。

制作与用法：将青果切片加水煎汁，浓缩至稠膏 500 克，加入蜂蜜拌匀，日服 2 次，每次 30 克，温开水冲服。

20. 蜂蜜油膏

功效：滋阴润燥，适用于失声、大便秘结等。

配方：蜂蜜 500 克，猪板油 1 副。

制作与用法：将猪板油炼熔去渣，加入蜂蜜再炼 1 小时，入容器内成膏，封固。每次 1 汤勺，开水调服。

21. 蜂蜜姜汁

功效：适用于虚火喉痹。

配方：蜂蜜、生姜汁各等量。

制作与用法：将蜂蜜、生姜汁共煎数沸，频频饮服。

22. 蜂蜜梧桐子膏

功效：适用于口腔炎等口腔疾患。

配方：蜂蜜 50 克，梧桐子 100 克。

制作与用法：将梧桐子焙焦，研制细末，以蜂蜜调成膏状，涂抹患处，每天数次，2～3 天即见效。

23. 蜂蜜米醋

功效：适用于肾虚引起的耳鸣、耳聋。

配方：蜂蜜、米醋各 200 克。

制作与用法：将米醋加热烧开对入蜂蜜，文火熬成膏状，每天饭前各服 1 次，每次 10～15 克。

24. 蜂蜜甜菜汁

功效：适用于鼻炎患者。

配方：蜂蜜、甜菜汁各 20 克。

制作与用法：选红色甜菜洗净，榨取其汁，加入等量蜂蜜调匀，再加入适量蒸馏水，制成 30% 的水溶液，用以滴鼻，每天 2 次，每次 4～5 滴。

（八）外科及皮肤病

1. 蜂蜜生地膏

功效：适用于外伤血肿。

配方：蜂蜜 30 克，生地 60 克。

制作与用法：将生地切碎放温水中浸泡 2 小时，捞出捣烂拌入蜂蜜外敷。若外伤红肿未破皮时，可加入少许冰片或风油精，用以涂抹患部，每天换药 1 次。

2. 蜂蜜土豆汁外用

功效：清热，防腐，适用于轻度烧伤、皮肤破损等。

配方：蜂蜜、土豆各适量。

制作与用法：将土豆洗净去皮，切碎，捣烂如泥，用纱布绞汁，加入蜂蜜，涂于患处，每天数次。

3. 蜂蜜银花露

功效：清热解毒，适用于暑季疖肿、脓疱疮及痱子并发感染等。

配方：蜂蜜、金银花各 50 克。

制作与用法：将砂锅加水煎金银花，煎至剩 2 碗汁时晾凉去渣。饮用前分次加入适量蜂蜜搅匀。

4. 蜜葱泥（外用）

功效：清痈解毒，适用于痈肿。

配方：蜂蜜、葱各适量。

制作与用法：将蜂蜜和葱捣烂如泥敷于患处，用敷料或绷带包扎固定。每天 1 次，10 天为一个疗程，或至愈为止。

5. 蜂蜜茶叶末

功效：适用于烧、烫伤患者。

配方：蜂蜜 60 克，茶叶 30 克。

制作与用法：将茶叶研成细末，加蜂蜜调和，外涂患处，每天 2 次。

6. 蜂蜜蜂胶合剂（外用）

功效：消炎止痛，抗感染，适用于烧、烫伤等。

配方：蜂蜜 200 克，蜂胶 50 克。

制作与用法：将蜂蜜加热过滤，加入蜂胶，搅拌均匀，储于瓶中。用时将纱布涂蜜胶，贴于患处，隔天换药 1 次。

7. 蜂蜜（外用）

功效：消炎，止痛，适用于烫、烙伤等。

配方：蜂蜜适量。

制作与用法：将蜂蜜涂于患处。

8. 蜂蜜凡士林

功效：适用于各种冻伤、冻疮。

配方：蜂蜜 30 克，凡士林 30 克。

制作与用法：将蜂蜜与凡士林调和成膏，涂于无菌纱布上，敷于疮面，每天敷 2～3 次。敷前先将疮面清洗干净，敷后用纱布包扎固定。创面未溃者不必包扎。

9. 蜂蜜茄秆

功效：有消肿、活血、滋润、促进血液循环之功，适用于冻疮患者。

配方：蜂蜜 50 克，茄秆 1 000 克。

制作与用法：将茄秆洗净晒干切成短节，加水 5 000 毫升煎汁，数开后滤除茄秆，加入蜂蜜，放至温热时用以浸泡患部，每天 1 次。

10. 蜂蜜青果饮

功效：适用于内痔、外痔等。

配方：蜂蜜 30 克，青果核 30 个。

制作与用法：将青果核煅成炭研末，用蜂蜜调服。每天 1 剂，早、晚分 2 次服。

11. 蜂蜜氧化锌末

功效：适用于刀伤及伤口化脓患者。

配方：蜂蜜 20 克，氧化锌末 1 克。

制作与用法：将蜂蜜与氧化锌混合均匀，涂抹患部，怕碰擦部位可用绷带包扎固定，否则可不包扎。

12. 蜂蜜大葱

功效：有清热解毒、消肿止痛、消炎等作用。适用于犬、蛇咬伤和蝎、蜂蜇伤及化脓性炎症患者。

配方：蜂蜜 30 克，大葱 2 根。

制作与用法：将大葱洗净捣作烂泥，加蜂蜜搅匀，用时涂于患处，每天换药 1 次。

13. 蜂蜜螃蟹

功效：有清热解毒、疗疡排脓之功，适用于冻疮溃烂不敛等症。

配方：蜂蜜 200 克，活螃蟹 1 只。

制作与用法：将螃蟹焙焦，研制成末，以蜂蜜调匀，涂抹患部，每天换药 2 次。

14. 蜂蜜紫皮大蒜

功效：适用疖肿、毛囊炎等症患者。

配方：蜂蜜 10 克，独头紫皮大蒜 1 头。

制作与用法：将紫皮蒜剥皮切成薄片，拌入蜂蜜中浸渍 3 ~ 5 小时。用时清洗创面，将带蜜的蒜皮贴敷患处，再轻轻按摩几分钟。每天 2 ~ 3 次。

15. 蜂蜜水蜈蚣

功效：适用于疗疮、疖肿等疾患。

配方：蜂蜜 50 克，水蜈蚣适量。

制作与用法：将水蜈蚣捣烂，调入蜂蜜成膏状，外敷于患处。

16. 蜂蜜新洁尔灭液

功效：适用于轻度烧伤。

配方：蜂蜜 500 克，1 ：1 000 新洁尔灭液 1 000 毫升。

制作与用法：将蜂蜜高压灭菌后与新洁尔灭调成混合液。用时先将创面洗净消毒，再用纱布蘸混合液贴敷患部，根据患部情况可选用包扎或半暴露方法。2 日换药 1 次。

17. 蜂蜜盐

功效：适用于烫伤、烧伤等外患。

配方：蜂蜜 250 克，盐 100 克。

制作与用法：先将盐研为细末，撒敷创面，再涂以蜂蜜。

18. 蜂蜜冰片

功效：适用于水、火烫伤未破皮者。

配方：蜂蜜 250 克，冰片 2 ~ 3 克。

制作与用法：将蜂蜜与冰片溶在一起，调匀，涂抹患部，每天多次。

19. 蜂蜜赤小豆膏

功效：适用于多发性疖肿疾患。

配方：蜂蜜 30 克，赤小豆 50 克。

制作与用法：将赤小豆研成细粉，调入蜂蜜，涂抹患处。

20. 蜂蜜天葵子膏

功效：适用于疖疮、痈肿等症。

配方：蜂蜜 60 克，天葵子 80 克。

制作与用法：先将天葵子洗净捣碎，加蜂蜜调成膏状（现用现调配），用时先用温盐水冲洗患处，拭干后涂敷患部，涂敷范围应稍大于病灶，涂敷厚度应大于 1 厘米。每天换药 2 ~ 3 次，严重者夜间也需换药。

21. 蜂蜜酱油（外用）

功效：消肿止痛，适用于指（趾）红肿疼痛。

配方：蜂蜜、酱油各等量。

制作与用法：将蜂蜜、酱油调匀，加温，装入塑料袋内，将指（趾）浸入。

22. 蜂蜜庆大霉素

功效：适用于皮肤溃疡症。

配方：蜂蜜 100 克，庆大霉素 4 支。

制作与用法：将蜂蜜与庆大霉素调和均匀，用时先将溃疡面清洗干净，涂于患处，每天换药 2 ~ 3 次。

23. 蜂蜜荞麦膏

功效：适用于血栓性外痔。

配方：蜂蜜 40 克，荞麦粉 50 克。

制作与用法：将蜂蜜与荞麦粉混合调成膏状，涂敷患处，每天换药

1 次。

24. 蜂蜜发酵饮

功效：适用于体弱保健和风疹等症。

配方：蜂蜜 500 克，糯米汤（新鲜）1 500 克。

制作与用法：将新鲜糯米汤对入蜂蜜，加清水 5 000 毫升，调匀，再对入适量甜酒曲，盛入罐中，发酵 7 天，成低醇甜味保健饮料，随意饮。

25. 蜂蜜芥子末

功效：适用于痔疮脓血伴剧痛患者。

配方：蜂蜜 10 克，芥子末 5 克。

制作与用法：将蜂蜜与芥子末混合调匀，涂抹患处，每天 1 剂。

26. 蜂蜜鲜蓖麻叶

功效：适用于脱肛等症。

配方：蜂蜜适量，鲜蓖麻叶数片。

制作与用法：将蜂蜜涂在鲜蓖麻叶上，在火上烤热，敷患部，凉后再换，1 日数次。

27. 蜂蜜白芨膏

功效：适用于肛裂等症。

配方：蜂蜜 150 克，白芨 200 克。

制作与用法：将白芨加 500 毫升水煎熬至糊状，去渣，加入经煮沸去沫的蜂蜜，文火炼成膏状。用时先用温水和新洁尔灭液清洗患部，再涂以药膏，每天换药 1 ~ 2 次。

28. 蜂蜜葱汁饮

功效：散热、消肿、解毒。适用于妇女痈疮、红肿热痛等。

配方：蜂蜜 50 克，鲜葱 250 克。

制作与用法：将鲜葱洗净切碎，捣烂取汁 1 杯，加热，加入蜂蜜。每天服 1 次，可连续服用。

29. 蜂蜜凤仙花膏

功效：适用于甲癣患者。

配方：蜂蜜、凤仙花各 150 克。

制作与用法：将凤仙花捣烂如泥，对入蜂蜜调和成膏，用时涂于患处，外用油纸包裹，每天换药 1 次，连用至愈。

30. 蜂蜜龙眼

功效：适用于斑秃。

配方：蜂蜜适量，龙眼肉 400 克。

制作与用法：将龙眼肉放入锅中蒸 30 分取出，置阳光下晒 2 小时。第二天按上法再蒸、再晒，如此重复 5 次，然后加适量水和蜂蜜，用小火炖熟后服用。

31. 蜂蜜丁香膏

功效：适用于酒渣鼻患者。

配方：蜂蜜适量，白丁香 10 粒。

制作与用法：将丁香焙干研制成粉，调入蜂蜜搅匀，敷于患处。

（九）其他

1. 茯苓杏仁蜜饮

功效：解暑生津。适用于夏天心烦口渴、小便赤黄、大便干燥等症。

配方：赤茯苓 5 克，杏仁 10 个，大麦 3 克，生姜 15 克，菊花 50 克，蜂蜜 200 克。

制作与用法：先将生姜洗净拍碎，赤茯苓洗净，杏仁洗净去皮，菊花、大麦与上述各药一同用纱布袋装好并扎紧袋口，放入砂锅中，加入凉开水3 000 克，烧煮 30 分过滤取汁，待晾凉后加入蜂蜜，搅匀，盛入瓷罐中备用。每次服 200 克，加开水冲服。

2. 银花蜜汤饮方

功效：清热解毒，生津止渴。适用于中暑后身热面赤耳聋、胸闷脘痞、腹泻、小便短赤等。

配方：金银花 5 ～ 30 克，蜂蜜 30 克。

制作与用法：将金银花煎取汁液，晾凉后，分次与蜂蜜冲调。代茶饮用。

3. 银菊楂蜜饮方

功效：清热解毒，消食导滞。适用于伤暑身热、烦渴、眩晕等。亦可作为高血压、心脏病、高血脂、化脓性疾病等患者的保健饮料，或暑热季节的清凉饮料。

配方：金银花、菊花、山楂各 15 克，蜂蜜 120 克。

制作与用法：将前三味药煎汁，过滤，去渣，加入蜂蜜搅拌，煮至微沸。代茶徐徐饮服。

4. 荷叶蜜饮方

功效：清热解暑。

配方：鲜荷叶、蜂蜜各 100 克。

制作与用法：将鲜荷叶水煎取汁，加入蜂蜜搅拌。每天 1 剂，连服数日。

5. 蜂蜜瓜条方

功效：清热解暑。

配方：黄瓜 l 500 克，蜂蜜 100 克。

制作与用法：将鲜黄瓜洗净，去瓤切条，放砂锅中加水，煮沸后去掉多余的水，趁热加蜂蜜调匀，煮沸。随意食用。

6. 百合蒸蜜方

功效：滋阴生津。

配方：干百合 100 克，蜂蜜 150 克。

制作与用法：将干百合、蜂蜜放入大碗中，上锅蒸 1 小时，趁热调匀，待凉装瓶。适量常服。

7. 青柿汁蜜膏方

功效：清热，消瘿。适用于地方性甲状腺肿大、甲状腺功能亢进等。

配方：青柿子（未成熟者）1 000 克，蜂蜜适量。

制作与用法：将青柿子洗净，去蒂，切碎，捣烂，以纱布包好挤压取汁，将柿子汁放在锅中煮沸，改用小火煎熬成浓稠膏状，加入蜂蜜 1 倍量搅匀，再煎如蜜，待冷后装瓶备用。每次 1 汤勺，以沸水冲溶饮用，每天 2 次。

8. 核桃大海枣蜜方

功效：补虚，利咽散结。适用于甲状腺病。

配方：蜂蜜 100 克，红枣 6 ~ 7 枚，核桃 5 ~ 6 个，胖大海 1 个。

制作与用法：红枣去核，核桃打碎取仁，将两味捣烂，加入胖大海，以开水冲泡，用水量刚没过胖大海为宜。待水凉后加入蜂蜜搅匀，每剂早、晚分 2 次服用，温开水冲服，连服半年以上。

9. 阿胶糯米粥方

功效：益气养血。适用于贫血。

配方：阿胶 15 克，红糯米 50 克，蜂蜜 30 克，米酒 15 ~ 20 毫升。

制作与用法：将红糯米加水适量煮粥，加阿胶、蜂蜜、米酒搅匀。每次 1 剂，温热服，每天 3 次，连服 10 天为一个疗程。

10. 葡萄蜜汁藕方

功效：养心除烦，益血开胃，清热止渴。适用于贫血、多病体虚。

配方：鲜藕 750 克，糯米 200 克，猪网油 100 克，葡萄 500 克，蜂蜜 800 克，冰糖桂花卤、食用碱各适量。

制作与用法：将粗节鲜藕切去一端的藕节，洗净孔中的泥，沥净水备用；葡萄用冷开水洗净；糯米淘洗干净，晾干水分。由鲜藕的一头切开，将糯米灌满，再将切开处用刀把轻轻地砸平，以防漏米。取砂锅加水煮灌好糯米的鲜藕，用大火烧开，盖好盖，移至小火上煮，待煮至五成熟时，在水中加入食用碱，继续煮烂为止。待藕变红色，捞出晾凉，削去藕的外皮。扣碗底垫入猪网油，再把藕去两头，切成 3 毫米厚圆片，成 3 排码入碗内，加入蜂蜜、冰糖、桂花卤，再盖上猪网油，上笼用大火蒸，待冰糖完全溶化后取出，翻扣盘内，去掉猪网油渣、桂花卤渣，四周放入葡萄即可。分 3 天服食。

11. 花粉蜜奶方

功效：益气养血，促进骨髓造血功能，适用于再生障碍性贫血。

配方：蜂花粉 20 克，蜂蜜 100 克，鲜牛奶 200 毫升。

制作与用法：将以上三味混匀，装入棕色玻璃瓶中，密封储存在阴凉处。每次服 1 汤匙，每天 3 次，饭前服用。服用 30 ~ 45 天后，停用 2 ~ 3 周，必要时再服用。

12. 红枣花生蜜方

功效：益气养血，生血。适用于贫血、咳嗽哮喘、气虚乏力等。

配方：蜂蜜 200 克，红枣 100 克，花生米 100 克。

制作与用法：将红枣、带红衣花生米用温水浸泡，放入锅内，加水适量，用小火煮熟，再加蜂蜜煮至黏稠状为度。每天服 1 次。

13. 冬葵子蜜汤方

功效：利尿，润肠，通乳。适用于津枯癃闭、口干舌燥、便秘、乳汁不下等。

配方：冬葵子、蜂蜜各 60 克。

制作与用法：将冬葵子用水煎煮，去渣，加入蜂蜜。每天 1 剂，分 3 次服用。

14. 葱蜜外用方

功效：通阳利尿。适用于小便不通。

配方：葱 1 根，蜂蜜适量。

制作与用法：将葱洗净，捣烂，加蜂蜜调和如泥，敷于会阴部。

15. 酢浆草汁蜜方

功效：助膀胱气化、利小便。适用于肾炎所致尿潴留。

配方：蜂蜜 50 克，鲜酢浆草 150 克，肉桂末 1 克。

制作与用法：先将鲜酢浆草洗净切碎榨汁，加蜂蜜及肉桂末调和为膏，隔水蒸熟。每天 1 剂，连服 7 天。

16. 槟榔粥方

功效：行气宽中，利水消肿。适用于脘腹胀闷、大便不爽、脚气水肿等。

配方：槟榔 10 克，粳米 100 克，蜂蜜、生姜汁各适量。

制作与用法：将槟榔水磨取汁备用，粳米煮熟，再加蜂蜜、槟榔汁、生姜汁，同煮为粥。空腹服用。

17. 木耳桃仁蜜酒方

功效：祛风活络。适用于关节疼痛、四肢麻木等。

配方：黑木耳 50 克，核桃仁 15 克，蜂蜜 50 克，白酒 50 毫升。

制作与用法：将黑木耳用沸水泡发，洗净，再与核桃仁共捣烂，加蜂蜜、白酒蒸熟服食。

18. 白酒冲蜜方

功效：清热解毒。适用于疟疾。

配方：蜂蜜 15 ～ 30 克，白酒适量。

制作与用法：将白酒稍加温热，加入适量蜂蜜调匀。在疟疾发作前 30 分服用，如果不能掌握发作时间，可在发作当天连服 3 次。

19. 蜂蜜胡椒酒方

功效：截疟杀虫。适用于疟疾。

配方：蜂蜜 50 克，白胡椒粉 6 克，白酒适量。

制作与用法：将蜂蜜、白胡椒粉放入杯中，滴入白酒，以开水冲调，于疟疾发作前 1 小时服用。如不能掌握发作时间，可在发作当日连服 3 次。

20. 芝麻蜂蜜方

功效：解毒。适用于密陀僧中毒，症见流泪、恶心呕吐、腹痛腹泻、肠胃出血、烦躁、头昏乏力、出血性休克、胁痛、贫血、肝大、黄疸等。此外还可治疗便秘，可使头发乌黑亮泽，减少白发。

配方：芝麻、蜂蜜各适量。

制作与用法：将芝麻、蜂蜜混匀，适量常服。

21. 姜汁蜜方

功效：解毒。适用于半夏中毒。

配方：生姜 50 克，蜂蜜适量。

制作与用法：将生姜洗净、捣烂、绞汁，加入蜂蜜，含服。

22. 桑葚膏方

功效：滋阴补血，生津润肠，利水消肿。适用于瘰疬。

配方：黑桑葚 1 000 克，蜂蜜适量。

制作与用法：将黑桑葚装入布袋捣烂绞汁，加入蜂蜜，小火熬成膏。每次服 1 汤勺，温开水调服，每天 3 次。

23. 蜂蜜油膏方

功效：清热解毒，散瘀杀虫。适用于淋巴结核、骨结核、肺结核。

配方：蜂蜜 250 克，马齿苋 150 克，熟猪油 250 克。

制作与用法：将马齿苋用开水略烫或晒干，炒成炭研为细末。再将熟猪油用锅化开，将马齿苋炭末倒入立即搅拌，片刻即冒白烟，取下锅倒入蜂蜜搅拌均匀即成。取蜜油膏外敷患处，每天换药1次或取膏用温水调服。

24. 青果核蜜饮方

功效：解毒消肿。适用于内痔、外痔等。

配方：青果核30个，蜂蜜30克。

制作与用法：将青果核煅成炭研成末，用蜂蜜调服。每天1剂，早、晚分服。

25. 葱鳖蜜外用方

功效：消积块，化肿毒。适用于外痔。

配方：木鳖子30克，葱叶、蜂蜜各适量。

制作与用法：将葱叶剖开取葱涎，加入蜂蜜调匀，先用木鳖子煎汤熏洗，然后涂葱蜜汁。每天1次。

26. 蜂蜜雍菜膏方

功效：清热解毒、消痔、止血。适用于外痔。

配方：蜂蜜250克，雍菜2 000克。

制作与用法：将雍菜洗净捣烂取汁，用小火浓缩成膏，加蜂蜜混匀即成。每次服10克，每天2次，温开水调服。

27. 蜂蜜冻伤软膏外用方

功效：消炎，止痛。适用于冻疮。

配方：蜂蜜、凡士林等量。

制作与用法：将蜂蜜加热与凡士林搅拌均匀成膏。用时将软膏涂于无菌纱布上，盖于已清洗的患处。每天更换2～3次，每次均清洗患处，包扎固定。一般 3 ~ 4 天后疼痛和炎症逐渐消失，4 ~ 7 天痊愈。

28. 蜂蜜猪油膏方

功效：敛疮解毒。适用于冻疮。

配方：蜂蜜 80 克，猪油 100 克。

制作与用法：将猪油加温后加入蜂蜜混合成膏状，涂抹患处，每天 2 次。

29. 果醋蛋方

功效：适用于颈项、肩背酸痛。

配方：香蕉 1 个，胡萝卜 150 克，苹果 200 克，鸡蛋 1 个，牛奶、食醋各 100 毫升，蜂蜜适量。

制作与用法：将香蕉去皮切成两段，胡萝卜、苹果切成碎片，加鸡蛋黄、牛奶、食醋搅成汁，再加入蜂蜜即可。常服有效。

30. 蜜醋外用方

功效：通络止痛。适用于肩周炎。

配方：葱白 30 克，食醋、蜂蜜各适量。

制作与用法：将葱白捣烂如泥，加入食醋，蜂蜜调成糊状，敷于患处，每天换药 1 次。

31. 赤小豆葫芦蜜方

功效：清热解毒，利水消肿。适用于舌癌、喉癌、鼻咽癌、胃癌、肺癌以及癌性水肿者。

配方：苦葫芦 1 个，赤小豆 50 克，红枣 20 克，冰糖、蜂蜜适量。

制作与用法：先将苦葫芦洗净，取瓜瓤，加水煎成浓汁，再加赤小豆和红枣煮成羹，加冰糖和蜂蜜调味，即成。佐餐食用。

32. 白花蛇舌草蜜饮

功效：清热解毒，清利湿热，抗癌。适用于肝癌、肝硬化。

配方：白花蛇舌草200克，蜂蜜50克。

制作与用法：先将白花蛇舌草洗净，榨汁，调入蜂蜜，混匀即成。代茶饮。

33. 鸡血藤地鳖虫蜜方

功效：祛风活血，抗癌。适用于肝癌等。

配方：鸡血藤30克，雪莲花12克，石南藤20克，地鳖虫20克，刺梨根20克，蜂蜜适量。

制作与用法：以上前五味研成药粉，调入蜂蜜，开水冲服。日服3次。

34. 参乳雪梨饮

功效：补气养阴，安胃润燥。适用于晚期食道癌。

配方：人参30克，牛乳300克，甘蔗30克，雪梨30克，蜂蜜适量。

制作与用法：先将人参放入砂锅中，加水100克，煮制后与牛乳、甘蔗汁、梨汁和匀，调入蜂蜜，即成。频饮咽服。

35. 参韭蜜粥

功效：抗癌。适用于食道癌。

配方：人参3克，蜂蜜50克，生姜汁适量，韭菜汁适量，粳米100克。

制作与用法：先将人参切片，与淘洗干净的粳米一同煮粥，调入生姜汁、韭菜汁和蜂蜜，稍煮即成。日服1剂，分数次食用。

36. 蜂蜜藕粉

功效：滋阴清热，润肺止咳，和胃止血。适用于胃癌慢性少量出血、肺癌阴虚内热、盗汗、五心烦热、心情不安、失眠多梦等症；以及秋燥咳嗽、痰少、干咳为主者。

配方：藕粉 30 克，蜂蜜 30 克。

制作与用法：先将藕粉用少许冷水溶开，冲入沸水适量，稍停后加入蜂蜜，调匀即成。温热服食，日服 3 次。

37. 菱蜜饮

功效：健脾润胃。适用于胃癌等。

配方：老菱角 60 克，蜂蜜 50 克。

制作与用法：先将老菱角晒干研细末，每次取 6 克，加蜂蜜 10 克，加开水冲服。日服 2 ～ 3 次。

38. 杏仁芝麻蜜露

功效：益肾气，畅肺气，润肠。适用于老人肺气虚弱、津液枯燥、大便无力而难解者，久服有预防直肠癌的作用。

配方：甜杏仁 60 克，黑芝麻 500 克，白糖 250 克，蜂蜜 250 克。

制作与用法：先将甜杏仁洗净滤干，打碎成泥状；黑芝麻淘洗干净，用小火炒至水气散尽，芝麻发出响声时盛入碗中，不要炒焦，研碎；再将杏仁泥、黑芝麻、白糖、蜂蜜一同倒入盆中，加盖，隔水蒸 2 小时，离火，待冷装瓶。日服 2 次，每次服 10 克，饭前用开水送服。芝麻宜细嚼后再咽下。

39. 蜂蜜蒸百合

功效：润肺，生津，止咳。适用于肺癌患者，症见燥热咳嗽、咽喉干痛、壅热烦闷等。

配方：百合 120 克，蜂蜜 30 克。

制作与用法：先将百合洗净，清水浸泡一宿，捞出放入碗中，加入蜂蜜，拌匀，隔水蒸至熟软，即成。可时时含数片，细细嚼食。

40. 舒胸蜜露

功效：温寒化痰，顺气舒胸，利心肺，通二便。适用于慢性虚寒支气管炎、肺癌等。

配方：甜杏仁 100 克，紫菀 100 克，炙麻黄 30 克，苏子 60 克，蜂蜜 250 克，红糖 300 克。

制作与用法：以上前四味用冷水浸泡 1 小时，中火烧开后改用小火煎 30 分，滤取药汁，加水复煎，合并两次药液，倒入盆中，加入蜂蜜和红糖，加盖不让水蒸气进入，用旺火隔水蒸 2 小时，离火，待冷装瓶，备用。每天 2 次，早晚各服 1 次，每次 10 克，开水冲服，2 个月为一个疗程。

41. 冬贝蜜茶

功效：养阴润肺，清热解毒，消肿抗癌。适用于乳腺癌。

配方：天门冬（去皮）30 克，土贝母 10 克，绿茶 3 克，蜂蜜 10 克。

制作与用法：以上前两味加水适量，煎沸 15 分，去渣取汁，冲泡茶叶，加入蜂蜜即可。代茶温饮，不拘时，每天 1 剂。

42. 金樱子益母草散

功效：抗癌。适用于宫颈癌。

配方：金樱子 40 克，益母草 30 克，鸡血藤 30 克，刺梨根 20 克，蜂蜜适量。

制作与用法：以上前四味共研细末，加入蜂蜜调匀，再加开水冲化，即成。日服 3 次。

43. 益母丸

功效：调气活血。适用于卵巢肿瘤、月经不调、经来腹痛、久不受孕、产后血瘀腹痛等。

配方：益母草 500 克，川芎 30 克，赤芍 30 克，归身 30 克，木香 30 克，蜂蜜适量。

制作与用法：以上前五味共研细末，炼蜜为丸，丸重 9 克如子弹大，备用。每次服 1 ～ 2 丸，温开水送下。体弱血虚无血瘀症者慎用。

■ 主要参考文献

［1］宋心仿. 蜜蜂王国探奇［M］. 北京：农村读物出版社，2009.

［2］龚一飞，张其康. 蜜蜂分类与进化［M］. 福州：福建科学技术出版社，2000.

［3］陈盛禄. 中国蜜蜂学［M］. 北京：中国农业出版社，2001.

［4］董捷. 蜂蜜蜂王浆加工技术［M］. 北京：金盾出版社，2009.

［5］郭芳彬. 蜂蜜及其妙用［M］. 北京：中国农业出版社，2004.

［6］吴杰. 蜜蜂学［M］. 北京：中国农业出版社，2012.

［7］阿里克斯·勒菲耶夫－德尔库特. 蜂蜜的妙用［M］. 楼敏洁，译. 上海：上海科学技术出版社，2013.

［8］彭文君. 蜂蜜与人类健康［M］. 北京：中国农业出版社，2014.

［9］叶振生，许少玉，刁青云. 蜂国奥秘［M］. 北京：中国农业大学出版社，2001.

［10］FALLICO M, ZAPPA E, ARENA A. Verzera. Effects of conditioning on HMF content in unifloral honeys［J］. Food Chemistry, 2004, 85: 300-313.

［11］TURLCMEN N, SARI F, ENDER S, et al. Effects of prolonged heating on antioxidant activity and colour of honey［J］. Food Chemistry, 2006, 95: 653-657.

［12］PAULA B, ANDRADE M, TERESA A, et al. pHysicochemical attributes and pollen spectrum of portuguese heather honeys［J］. food Chemistry, 1999, 66: 503-510.

［13］ALMAHDI MELAD ALJADI, KAMARUDDIN MOHD YUSOFF. Isolation and identification of pHenolic acids in Malaysian honey with antibacterial properties［J］. Turk J Med Sci, 2003, 33: 229-236.

［14］SAHINLER N, SAHINLER S, GUL A. Biochemical composition of honeys produced in Turkey［J］. Journal of Apicultural Research, 2004, 43（2）：53-56.